SAMMLUNG GÖSCHEN BAND 1082

AUFGABENSAMMLUNG ZUR HÖHEREN ALGEBRA

von

DR. HELMUT HASSE
o. Prof. für Mathematik an der Universität Hamburg

und

WALTER KLOBE
Wiss. Mitarbeiter an der Technischen Hochschule Dresden

Dritte, verbesserte Auflage

WALTER DE GRUYTER & CO.
vormals G. J. Göschen'sche Verlagshandlung · J. Guttentag, Verlagsbuchhandlung · Georg Reimer · Karl J. Trübner · Veit & Comp.
BERLIN 1961

Archiv-Nr. 11 10 82. — Satz und Druck: Walter de Gruyter & Co., Berlin W 30.

Inhalt.

Der Aufgabenband zerfällt in zwei Teile, entsprechend den beiden Bänden Höhere Algebra I, II (Slg. Göschen 931, 932), die mit **1**, **2** zitiert werden. Die Gliederung beider Teile in Abschnitte und Paragraphen entspricht genau der Gliederung von **1** und **2**. Für die einzelnen Aufgabenparagraphen ist jeweils die Kenntnis des ganzen entsprechenden Paragraphen aus **1** oder **2** und alles Vorhergehenden vorausgesetzt. Innerhalb eines Aufgabenparagraphen beziehen sich alle Zitate ohne nähere Angabe von Paragraph und Band auf den gleichbenannten Paragraphen aus **1** oder **2** und alle Zitate ohne Angabe des Bandes auf den zugehörigen Band. Bei Satz- oder Definitionsnummern in eckigen Klammern beigefügte Zahlen bedeuten die Seitenzahl.

Den Aufgaben ist immer eine Anleitung zur Lösung in Kleindruck beigegeben. Manchmal ist auch die vollständige Lösung in einer folgenden Aufgabe einleitend gesagt. Die Lösungsanleitungen sind absichtlich oft nur durch Verweis auf anzuwendende Sätze aus **1**, **2** oder frühere Aufgaben gegeben, damit die Lösung nicht gleich in die Augen springt.

Die vorliegende 3. Auflage ist der 1957/58 erschienenen 4. Aufl. von **1** und **2** angepaßt. Bei ihrer Vorbereitung wurden mehrere Unebenheiten geglättet, eine von ihnen einem freundlichen Hinweis von Herrn Witzgall folgend (**1**, § 2, Aufg. 11, 12). Eine reizvolle, neue Aufgabe wurde auf Vorschlag von Herrn Ancochea aufgenommen (**2**, § 17, Aufg. 17).

1, I. Ringe, Körper, Integritätsbereiche.

§ 1. Definition der Ringe, Körper, Integritätsbereiche.

1. Man leite die folgenden Formeln aus den Gesetzen (1.)—(6.) her:

$$(a+b)(c+d)=ac+ad+bc+bd,$$
$$(-a)\,b=-ab,\quad (-a)(-b)=ab,\quad (-a \text{ bedeutet } 0-a),$$
$$(a-b)(c-d)=ac-ad-bc+bd.$$

2. Man leite die folgenden Formeln aus den Gesetzen (1.)—(7.) her:

$$\frac{a}{b}\pm\frac{c}{d}=\frac{ad\pm bc}{bd},\quad \frac{a}{b}\,\frac{c}{d}=\frac{ac}{bd},\quad \frac{a}{b}\Big/\frac{c}{d}=\frac{ad}{bc},$$

$(b, d \neq 0$; im letzten Falle auch $c \neq 0)$[1].

3. In den Gesetzen (c.) werde das kommutative Gesetz der Addition (1.) fallen gelassen. Die anderen Gesetze sollen unverändert bleiben, nur daß in (6.) neben der Existenz und Eindeutigkeit der Lösung b von $a+b=c$ auch noch die Existenz und Eindeutigkeit der Lösung b' von $b'+a=c$ gefordert wird. Es ist zu zeigen, daß dann das kommutative Gesetz der Addition (1.) herleitbar ist.

Man beachte, daß der Beweis für die Existenz des Einselements e (Satz 3) unbetroffen bleibt, berechne $(a+e)(b+e)$ gemäß (2.), (5.) auf zwei Weisen, und wende dann je einmal (6.) und die angegebene Erweiterung von (6.) an.

4. Die Elementpaare (a_1, a_2) mit a_1, a_2 aus einem beliebigen Integritätsbereich I mit der Unterscheidungsvorschrift $(a_1, a_2) = (a_1', a_2')$ dann und nur dann, wenn $a_1 = a_1'$, $a_2 = a_2'$ bilden einen Ring bezüglich der Verknüpfungen

$$(a_1, a_2) + (b_1, b_2) = (a_1 + b_1,\ a_2 + b_2)$$
$$(a_1, a_2)\cdot(b_1, b_2) = (a_1 b_1,\ a_2 b_2).$$

---

[1]) Vgl. hierzu § 3, (1.)—(5.).

Welches ist die Null dieses Ringes? Hat dieser Ring ein Einselement? Man zeige, daß er dennoch kein Integritätsbereich ist.

Die Forderungen (a), (b), (c), (1.)—(6.) sind erfüllt, dagegen nicht (7a) und Satz 4, wie Beispiele zeigen.

5. Aber auch bezüglich der folgenden Verknüpfungen bilden die Elementpaare der vorigen Aufgabe einen Ring:

$$(a_1, a_2) + (b_1, b_2) = (a_1 + b_1, a_2 + b_2)$$
$$(a_1, a_2) \cdot (b_1, b_2) = (a_1 b_1 - a_2 b_2, a_1 b_2 + a_2 b_1).$$

Beweis? Welches ist die Null dieses Ringes? Man zeige, daß er auch ein Einselement hat und sogar Integritätsbereich ist, letzteres unter der zusätzlichen Voraussetzung, daß in dem zugrundeliegenden Integritätsbereich I eine Gleichung der Form $a^2 + b^2 = 0$ nur für $a = 0$, $b = 0$ besteht.

Satz 3 und Satz 4 sind erfüllt. Zu Satz 4 weist man nach, daß aus

$$a_1 b_1 - a_2 b_2 = 0$$
$$a_1 b_2 + a_2 b_1 = 0$$

entweder $a_1 = a_2 = 0$ oder $b_1 = b_2 = 0$ folgt.

6. Jetzt lege man für den Integritätsbereich I in Aufg. 4, 5 speziell einen Körper K zugrunde. Man weise nach, daß der in Aufg. 4 konstruierte Bereich nach wie vor nur ein Ring ist, jedoch der in Aufgabe 5 konstruierte unter der dortigen Zusatzvoraussetzung zum Körper wird. Wie stellt sich im letzteren Falle das Element

$$\frac{(a_1, a_2)}{(b_1, b_2)}$$

in der Normalform (c_1, c_2) dar?

7. Man beweise die Existenz eines Körpers aus genau drei Elementen durch Aufstellung der Additions- und Multiplikationstafel (analog zu der Tafel in Beisp. 4 für einen Körper aus genau zwei Elementen) und Nachweis des Erfülltseins der Gesetze (1.)—(7.).

Die drei Elemente müssen notwendig $0, e, -e$ sein. Denn für $-e = e$ (wie in Beisp. 4) zieht die Existenz eines dritten Elementes $a \neq 0, e$ die Existenz eines vierten $e + a \neq 0, e, a$ nach sich.

8. Man beweise entsprechend die Existenz eines Körpers von genau vier Elementen.

Hier muß notwendig wieder $-e = e$ (wie in Beisp. 4) sein. Denn für $-e \neq e$ ist entweder auch $-e \neq 2e$; dann sind $0, e, -e, 2e, -2e$ schon fünf verschiedene Elemente. Oder es ist (wie in Aufg. 7) $-e = 2e$; dann zieht die Existenz eines vierten Elements a die Existenz eines fünften $e + a$ nach sich. — Man hat hiernach als Elemente anzusetzen $0, e, a, e + a$. Sollen damit alle Elemente erschöpft sein, so muß a^2 eins dieser vier Elemente sein. Hierfür kommen 0 und a nicht in Frage (Satz 4), ebenso auch nicht e, weil dann $(e + a)^2 = 0$ folgte. Also muß $a^2 = e + a$ sein.

9. Man beweise: Ein Integritätsbereich aus nur endlich vielen Elementen ist notwendig ein Körper.

Siehe — falls nötig — den Beweis zu Satz 20 [55].

10. Man beweise: Die rationalen Zahlen der Form $\frac{g}{2^n}$, wo g alle ungeraden Zahlen zuzüglich der 0 und 2^n alle ganzen Potenzen von 2 durchläuft, bilden einen Integritätsbereich bezüglich der gewöhnlichen Addition und Multiplikation.

Man bestätigt unmittelbar das Erfülltsein der Ringforderungen (Def. 1) sowie der zusätzlichen Forderungen (7 a.), (7 b.) oder Satz 3, 4 für einen Integritätsbereich (Def. 3).

§ 2. Teilbereiche, Kongruenzrelationen, Isomorphie.

1. Welcher Fehler steckt in folgender Überlegung: Das Gesetz (α.) der Reflexivität ist eine Folge aus dem Gesetz (β.) der Symmetrie und dem Gesetz (γ.) der Transitivität; denn nach (β.) folgt aus $a \sim b$, daß $b \sim a$, und nach (γ.) folgt aus den damit feststehenden Relationen $a \sim b$, $b \sim a$ weiter, daß $a \sim a$ ist?

Man mache sich klar, daß auf dem angegebenen Wege die Relation $a \sim a$ nur unter einer gewissen Einschränkung für a, also nicht notwendig für alle Elemente a der betrachteten Menge M bewiesen wird.

2. Man zeige durch ein Gegenbeispiel, daß (α.) nicht (also auch nicht durch irgendeine andere Schlußweise) aus

(β.) und (γ.) folgt [d. h. daß (α.) von (β.) und (γ.) unabhängig ist].

Man hat eine Verteilung der Zeichen $\sim$, $\nsim$ zwischen alle Elementpaare einer Menge M anzugeben, bei der durchweg (β.) und (γ.) gelten, aber (α.) für mindestens ein Element nicht erfüllt ist. — Das kann sogar bei jeder Menge M, insbesondere auch bei der nur aus einem Element a bestehenden Menge, geschehen.

3. Man zeige analog durch Gegenbeispiele, daß auch (β.) von (α.) und (γ.), und auch (γ.) von (α.) und (β.) unabhängig ist.

Zur Bildung von Gegenbeispielen genügen Mengen M aus nur zwei bzw. nur drei Elementen.

4. Man zeige die Unabhängigkeit jeder der vier Bedingungen (δ.), (δ'.), (ε.), (ε'.) für eine eineindeutige Zuordnung von den drei übrigen und mache sich dadurch die Bedeutung jeder einzelnen dieser Bedingungen klar.

Es empfiehlt sich, sich zur Veranschaulichung die Elemente der beiden Mengen M und M' in zwei senkrechten Kolonnen vorzustellen mit den Zeichen $\longleftrightarrow$ als Querverbindungen zwischen den betr. Elementen; die Zeichen $\nleftrightarrow$ kann man einfacher schon durch das Fehlen des Zeichens $\longleftrightarrow$ zur Darstellung bringen.

5. Es sei a eine ganze Zahl, die kein Quadrat einer rationalen Zahl ist[1]), und $\sqrt{a}$ eine der beiden im Körper A aller komplexen Zahlen (§ 1, Beisp. 2) vorhandenen, einander entgegengesetzt gleichen Quadratwurzeln aus a.

Man beweise: Die Gesamtheit aller derjenigen komplexen (im Falle $a > 0$ sogar reellen) Zahlen, die aus der Zahl $\sqrt{a}$ und $\left\{\begin{matrix}\text{ganzen rationalen}\\ \text{rationalen}\end{matrix}\right\}$ Zahlen durch fortgesetzte Anwendung der $\left\{\begin{matrix}\text{drei ersten}\\ \text{vier}\end{matrix}\right\}$ elementaren Rechenoperationen gewonnen werden können, bilden einen $\left\{\begin{matrix}\text{Teilintegritätsbereich } \Gamma[\sqrt{a}]\\ \text{Teilkörper } P(\sqrt{a})\end{matrix}\right\}$ von A. Seine sämtlichen Elemente werden bereits durch das

[1]) Vgl. hierzu auch die spätere Aufg. 32 zu 2, § 1.

eine Rechenverfahren $u + v\sqrt{a}$ erhalten (und zwar in eindeutiger Darstellung), wenn man darin u und v unabhängig voneinander die Elemente des
$\left\{\begin{matrix}\text{Integritätsbereichs } \Gamma \text{ aller ganzen}\\ \text{Körpers P aller rationalen}\end{matrix}\right\}$ Zahlen (§ 1, Beisp. 1)
durchlaufen läßt[1]).

Man zeige zunächst mit der „dann“-Behauptung von Satz 6, daß die $u + v\sqrt{a}$ einen $\left\{\begin{matrix}\text{Teilintegritätsbereich}\\ \text{Teilkörper}\end{matrix}\right\}$ von A bilden. Daß dieser dann auch auf die allgemeinere, zuerst genannte Art charakterisiert werden kann, ergibt sich aus der „nur dann“-Behauptung von Satz 6.

6. Welches ist der Durchschnitt zweier Körper $\mathsf{P}(\sqrt{a})$ und $\mathsf{P}(\sqrt{a'})$?

Das hängt davon ab, ob $\frac{a'}{a}$ Quadrat einer rationalen Zahl ist (spezieller Fall) oder nicht (allgemeiner Fall).

7. Man beweise: Das Kompositum von Teilkörpern K_1, $\mathsf{K}_2, \ldots$ des Körpers K ist die Gesamtheit aller derjenigen Elemente von K, die durch fortgesetzte Anwendung der vier elementaren Rechenoperationen auf Elemente der Vereinigungsmenge der Mengen $\mathsf{K}_1, \mathsf{K}_2, \ldots$ entstehen.

Man wende Satz 6 ähnlich wie in Aufg. 5 an.

8. In welcher Form lassen sich die Elemente des Kompositums zweier Körper $\mathsf{P}(\sqrt{a})$ und $\mathsf{P}(\sqrt{a'})$ im allgemeinen Falle (Aufg. 6) eindeutig darstellen?

Siehe — falls nötig — **2**, Satz 62 [52] und Bew. zu **2**, Satz 71 [59].

9. Man beweise: Jedem Element a eines Ringes B entspricht eine Kongruenzrelation auf Grund folgender Festsetzung:

$b \equiv c \bmod. a$ dann und nur dann, wenn $b - c = ha$ mit einem h aus B ist[2]).

---

[1]) Die angewandte Bezeichnung entspricht der dieses Beispiel beherrschenden allgemeinen Theorie in **2**, §§ 7, 8.

[2]) Vgl. hierzu die Theorie in **2**, Satz 26 [24], Def. 10 [26].

10. Man zeige, daß es in einem Körper nur die beiden folgenden, trivialen Kongruenzrelationen gibt:

a) Alle Elemente sind einander kongruent.

b) Zwei Elemente sind einander kongruent dann und nur dann, wenn sie einander gleich sind.

Man unterscheide die beiden Fälle a) $0 \equiv e$ und b) $0 \not\equiv e$.

11. Man zeige, daß umgekehrt ein Ring mit Einselement, in dem nur die beiden trivialen Kongruenzrelationen a) und b) von Aufg. 10 vorhanden sind, notwendig ein Körper ist.

Die Anwendung der Alternative a), b) auf die speziellen Kongruenzrelationen von Aufg. 9 für die einzelnen Elemente a ergibt das Bestehen des Divisionsgesetzes § 1, (7.).

12. Daß die Voraussetzung der Existenz eines Einselementes in B für die Richtigkeit der Aussage der Aufgabe 11 notwendig ist, zeige man an folgendem Beispiel: B besteht aus drei Elementen o, a, b mit der Additionsvorschrift $o + o = o$, $o + a = a + o = a$, $o + b = b + o = b$, $a + a = b$, $a + b = b + a = o$, $b + b = a$ und der Multiplikationsvorschrift, daß sämtliche Produkte zweier Elemente gleich o sind.

o ist die Null von B, ein Einselement existiert nicht. Man folgere aus $o \equiv a$ bzw. $o \equiv b$ bzw. $a \equiv b$, daß $o \equiv a \equiv b$ gilt.

13. Wieviel Typen gibt es von Körpern aus genau zwei, drei, vier Elementen?

Man beachte die Zwangsläufigkeit in der Aufstellung der Additions- und Multiplikationstafeln in § 1, Beisp. 4 und § 1, Aufg. 7, 8.

§ 3. Der Quotientenkörper eines Integritätsbereiches.

1. Ein Element a ($\neq 0$) eines Ringes B, für das ein Element b ($\neq 0$) in B mit $ab = 0$ existiert, oder — was dasselbe besagt [vgl. § 1, (7 a.) und die Bem. hinter Satz 4] — für das die Division durch a nicht eindeutig ist, heißt ein (echter) Nullteiler in B (vgl. § 1, Aufg. 4). Die übrigen Elemente aus B (die keine Nullteiler sind — durch die die Division eindeutig ist) heißen regulär in B. — Man zeige, daß die Kon-

struktion im Beweis zu Satz 10 auch ausführbar ist, wenn man von einem Ring B ohne echte Nullteiler [d. h. also mit dem Gesetz § 1, (7 a.) der Eindeutigkeit der Division] anstatt eines Integritätsbereiches ausgeht.

Es ist also zu zeigen, daß man auch ohne die Existenz des Einselements [§ 1, (7 b.) — siehe auch Def. 3, Zusatz] durchkommt. Dazu operiere man statt mit den Klassen $\{a, e\}$ jetzt mit den Klassen $\{ac, c\}$, die nach (1'.) von c unabhängig, also durch a allein bestimmt sind.

2. Man beweise in Verallgemeinerung von Satz 4 [12]: Das Produkt zweier regulären Elemente eines Ringes ist nicht nur von Null verschieden, sondern sogar regulär.

Das folgt nach dem Muster des Beweises von Satz 4, hier aus der Definition der Regularität.

3. Wir wollen einen Ring, in dem alle Quotienten $\frac{a}{b}$ mit regulärem Nenner b existieren, in dem also — anders gesagt — die Division soweit eindeutig auch unbeschränkt ist, einen Vollring nennen[1]). (Vollintegritätsbereich in diesem Sinne bedeutet dann also dasselbe wie Körper.) — Man zeige analog zu Satz 10: Zu einem beliebigen Ring B existiert ein Erweiterungsvollring V, dessen sämtliche Elemente sich als Quotienten $\frac{a}{b}$ (b regulär in B) von Elementen aus B darstellen lassen. Der Erweiterungstypus von V ist durch diese Forderung eindeutig bestimmt.

Man operiere mit der Menge aller Elementpaare (a, b) aus B, wo b regulär in B, und beachte insbesondere Aufg. 2.

4. Der Zusatz zu Satz 10 läßt sich nur dann entsprechend verallgemeinern, wenn es sich um einen solchen Erweiterungsvollring V^* von B handelt, in dem die in B regulären Elemente ebenfalls regulär sind, also keine Nullteiler werden. —

[1]) Eine Bezeichnung für solche Ringe existiert in der bisherigen Literatur nicht. — Beispiele für Vollringe, die keine Körper sind, siehe in der späteren Aufg. 6 zu 2, § 2.

Man zeige, daß der in Aufg. 3 konstruierte Quotientenvollring V jedenfalls diese Eigenschaft hat.

5. Welches ist der Quotientenvollring im Sinne von Aufg. 3 zum Ring aller geraden Zahlen (§ 1, Beisp. 3)?

§ 4. Der Integritätsbereich der ganzen rationalen Funktionen von n Unbestimmten über I und der Körper der rationalen Funktionen von n Unbestimmten über K.

1. Man führe den Beweis für die Isomorphie bzgl. I von $I[x_1, x_2]$ und $I[x_1][x_2]$ durch.

$I[x_1, x_2]$ ist dabei als definiert nach dem aus (1 a.)—(3 a.) sich ergebenden Schema anzusehen, $I[x_1][x_2]$ durch zwei Schritte $I_1 = I[x_1]$, $I_2 = I_1[x_2]$ der Art (1.')—(3.'). — Man treffe die naturgemäße Zuordnung zwischen den Elementen beider Bereiche und bestätige das Erfülltsein der Isomorphierelationen § 2, (δ.), (δ'.), (ε.), (ε'.), (3.), (4.).

2. Man zeige: Ist $f_0(x)$ ein festes, nicht zu I gehöriges Element aus $I[x]$, und durchläuft $f(x)$ alle Elemente von $I[x]$, so stellt die Zuordnung $f(x) \longleftrightarrow f(f_0(x))$ einen Isomorphismus bzgl. I zwischen $I[x]$ und einem Teilintegriätsbereich $I[f_0(x)]$ von $I[x]$ dar.

Der Hauptpunkt ist die Bestätigung von § 2, (ε'.), die auf den Nachweis $f(f_0(x)) \neq 0$ für $f(x) \neq 0$ hinausläuft. Man bestimme dazu das höchste Glied der Normaldarstellung von $f(f_0(x))$.

3. Welches ist die notwendige und hinreichende Bedingung für $f_0(x)$, damit dieser Teilintegritätsbereich $I[f_0(x)]$ mit $I[x]$ zusammenfällt? Gibt es demnach Integritätsbereiche, die zu echten Teilintegritätsbereichen isomorph sind?

Die notwendige und hinreichende Bedingung ergibt sich leicht daraus, daß x in der Form $f(f_0(x))$ darstellbar sein muß.

4. Man zeige analog zu Aufg. 2: Ist $\varphi_0(x)$ ein nicht zu K gehöriges Element von $K(x)$, und durchläuft $\varphi(x)$ alle Elemente von $K(x)$, so stellt die Zuordnung $\varphi(x) \longleftrightarrow \varphi(\varphi_0(x))$ einen Isomorphismus bzgl. K zwischen $K(x)$ und einem Teilkörper $K(\varphi_0(x))$ von $K(x)$ dar.

Für den Hauptpunkt (analog zu Aufg. 2) zerlege man die Einsetzung $f(x) \to f\left(\frac{f_0(x)}{g_0(x)}\right)$ in dem allein schwierigen Falle, wo f_0 und g_0 gleichen Grad haben, in die zwei Schritte $f(x) \to f(x+\alpha) \equiv g(x)$, $g(x) \to g\left(\frac{h_0(x)}{g_0(x)}\right)$, gemäß der Zerlegung $\frac{f_0}{g_0} = \alpha + \frac{h_0}{g_0}$ (h_0 von niedrigerem Grad als g_0; vgl. **2**, Satz 13 [16]).

5. Man zeige analog zu Aufg. 3: Dafür, daß dieser Teilkörper mit $\mathsf{K}(x)$ zusammenfällt, ist jedenfalls hinreichend[1]), daß $\varphi_0(x)$ von der Form $\frac{a+bx}{c+dx}$ (a, b, c, d aus K, $ad-bc \neq 0$) ist.

6. Man zeige, daß $\mathsf{K}(x^n)$ für jedes $n \geqq 2$ ein zu $\mathsf{K}(x)$ isomorpher echter Teilkörper von $\mathsf{K}(x)$ ist.

Die Unmöglichkeit der Gleichung $x \equiv \varphi(x^n) \equiv \frac{f(x^n)}{g(x^n)}$ für jedes Element $\varphi(x) \equiv \frac{f(x)}{g(x)}$ aus $\mathsf{K}(x)$ ist leicht einzusehen.

7. Über dem Körper K aus genau zwei Elementen (§ 1, Beisp. 4) ist die g. r. Fkt. $x^2 + x \not\equiv 0$, aber $= 0$ für jedes x aus K [Bew. zu Satz 12, d)], d. h. $= 0$ i. S. d. An. — Man zeige, daß daher der Ring der g. r. Fkt. i. S. d. An. über K kein Integritätsbereich ist.

Da § 1, (7 b.) (Existenz des Einselements) jedenfalls erfüllt ist, kann es nur an § 1, (7 a.) (Eindeutigkeit der Division) liegen, d. h. es müssen echte Nullteiler (§ 3, Aufg. 1) nachgewiesen werden.

8. Man konstruiere entsprechende Beispiele für die Körper aus genau drei und genau vier Elementen (§ 1, Aufg. 7, 8), sowie überhaupt für jeden Körper aus nur endlich vielen Elementen.

Man beachte, daß in Aufg. 7 gilt

$$x^2 + x \equiv x^2 - x \equiv (x-0)(x-e)$$

und 0, e alle Elemente von K sind.

---

[1]) Bezüglich der Notwendigkeit dieser Bedingung siehe die spätere Aufg. 30 zu **2**, § 1.

§ 5. Ausführliche Formulierung der Grundaufgabe der Algebra.

1. Es sei ein mittels der vier elementaren Rechenoperationen gebildetes, auf die Unbestimmten $x_1, \ldots, x_n$ und vorgegebene Elemente aus K anzuwendendes Rechenverfahren vorgelegt, und es sei φ das ihm entsprechende Element aus $\mathsf{K}(x_1, \ldots, x_n)$. Das Verfahren bestehe aus den sukzessive auszuführenden Operationen $O_1, \ldots, O_n$; jede Operation O_ν ist dann also eine Addition, Subtraktion, Multiplikation oder Division von zwei Elementen ψ_ν, χ_ν aus $\mathsf{K}(x_1, \ldots, x_n)$, die zu einem neuen Element φ_ν aus $\mathsf{K}(x_1, \ldots, x_n)$ führt; dabei ist jedes der Elemente ψ_ν, χ_ν entweder eins der x_i oder eins der vorgegebenen Elemente aus K oder eins der vorhergehenden $\varphi_\mu (\mu < \nu)$; und es ist schließlich $\varphi_n = \varphi$. Von den Operationen O_ν seien genau $O_{\nu_1}, \ldots, O_{\nu_r}$ Divisionen und $\chi_{\nu_1}, \ldots, \chi_{\nu_r}$ die dabei auftretenden Divisoren (Nenner). Das Verfahren läßt dann alle und nur die Einsetzungen von Elementsystemen aus K für die Unbestimmten x_i zu, für die weder χ_{ν_1} noch ...... noch χ_{ν_r} Null wird. — Man zeige, daß es (mindestens) eine Quotientendarstellung $\varphi = \frac{f}{g}$ durch zwei Elemente f, g aus $\mathsf{K}[x_1, \ldots, x_n]$ gibt, deren Nenner g für alle und nur diese Einsetzungen von Null verschieden wird.

Man wende vollständige Induktion nach n (Schluß von $n-1$ auf n) an, beginnend mit $n = 0$, also mit Verfahren, die keine Operation erfordern, für die vielmehr einfach schon φ selbst eins der x_i oder eins der vorgegebenen Elemente aus K ist. Setzt man die Richtigkeit der Behauptung für Verfahren aus höchstens $n-1$ Operationen ($n \geqq 1$) als bereits bewiesen voraus, so trifft sie also insbesondere für die zu ψ_n, χ_n führenden Verfahren zu. Jetzt unterscheide man die vier Fälle

$$\varphi_n = \psi_n + \chi_n, \quad \varphi_n = \psi_n - \chi_n, \quad \varphi_n = \psi_n \chi_n, \quad \varphi_n = \frac{\psi_n}{\chi_n}.$$

Im letzteren muß man den an sich überflüssigen Nenner aus der nach der Induktionsannahme gebildeten Quotientendarstellung von χ_n in die zu konstruierende Quotientendarstellung von $\varphi_n = \varphi$ als Nenner einführen.

2. Man gebe Quotientendarstellungen im Sinne der Aufg. 1 für die folgenden Verfahren an (K ein beliebiger Körper):

$$\frac{e}{\frac{e}{x}}, \quad \frac{x-e}{\frac{e}{x+e}-e}, \quad \frac{\frac{e}{x-e}+e}{\frac{e}{x+e}-e}.$$

Welches sind demnach die Lösungen der Gleichungen, die sich ergeben, wenn man von diesen Rechenausdrücken fordert $\doteq 0$?

Man beachte, daß diejenigen x aus K, für die das betr. Rechenverfahren durch Nullwerden eines der sukzessiven Nenner sinnlos wird, von vornherein nicht als Lösungen in Frage kommen.

1, II. Gruppen.

§ 6. Definition der Gruppen.

1. Gegeben sei irgendeine geometrische Figur in der Ebene (im Raum). Man betrachte alle Deckbewegungen der Figur in der Ebene (im Raum), d. h. solche Bewegungen der Figur, die sie mit sich selbst zur Deckung bringen. Dabei unterscheide man diese Deckbewegungen nur nach der Endlage relativ zur Anfangslage (also weder nach den Zwischenstadien, noch nach der absoluten Anfangs- und Endlage). — Man zeige, daß diese Deckbewegungen eine Gruppe bilden bezüglich der Nacheinanderausführung als Multiplikation.

Siehe den typischen Spezialfall in Beisp. 4.

2. Man bestimme Ordnung und Verknüpfungsbeziehungen der Gruppe der Deckbewegungen der folgenden Figuren:

a) reguläres n-Eck in der Ebene ($n \geqq 2$) (zyklische Gruppen $\mathfrak{Z}_n$)[1]),

[1]) Vgl. 2, Definition 12 [30].

b) reguläres n-Eck im Raum ($n \geqq 2$) (Zweiflächner = Dieder = reguläres Polyeder mit n Ecken, n Kanten, 2 Flächen) (Diedergruppen $\mathfrak{D}_n$),

c) reguläres Tetraeder im Raum (Tetraedergruppe $\mathfrak{T}$).

Im Falle b) ist für $n = 2$ die aus einer Strecke und einer sie enthaltenden Ebene bestehende Figur im Raum gemeint. Statt dessen kann man auch ein System von drei zueinander senkrechten Geraden verschiedener Farbe durch einen Punkt nehmen. Welchen Vorzug hat die letztere Figur hinsichtlich der Beziehung zur Gruppe?

Siehe wieder den typischen Spezialfall in Beisp. 4; — außerdem die Erl. zu § 7, Aufg. 1—3.

3. Welche der in Aufg. 2 erhaltenen Gruppen sind abelsch?

4. Man untersuche Additionsgruppe und Multiplikationsgruppe (im Sinne von Beisp. 1) für die Körper aus zwei, drei, vier Elementen. Sind unter diesen auch zyklische Gruppen?

Siehe dazu § 1, Beisp. 4, § 1 Aufg. 7, 8 und § 2, Aufg. 12.

5. Man löse die in einer beliebigen Gruppe verstandenen Gleichungen

$$ABX \doteq BA, \qquad YAB \doteq BA$$

auf (X hinterer und Y vorderer Kommutator von A und B). In welcher Beziehung stehen die Kommutatoren von A und B zu denen von B und A, von A^{-1} und B^{-1}, von B^{-1} und A^{-1}?

Siehe hierzu Satz 15.

6. Man zeige, daß in einer abelschen Gruppe der endlichen Ordnung n für jedes Element A die Relation $A^n = E$ gilt.

Man bilde das Produkt der in Satz 16 genannten Elemente AB. — Siehe — falls nötig — den Bew. zu **2**, Satz 29 [29].

§ 7. Untergruppen, Kongruenzrelationen, Isomorphie.

1. Man bestimme alle Untergruppn der zyklischen Gruppe $\mathfrak{Z}_n$ und mache sich die geometrische Bedeutung der Untergruppen am regulären n-Eck klar.

Ist $\mathfrak{Z}_n$ durch die Elemente A^ν ($\nu = 0, 1, \ldots, n-1$) mit der Relation $A^n = E$ gegeben, so ergibt die Betrachtung der frühesten Potenz von A mit positivem Exponenten, die in der Untergruppe liegt, daß die Untergruppen zyklische Gruppen $\mathfrak{Z}_d$ sind, die den Teilern d von n eineindeutig entsprechen[1]).

2. Man bestimme alle Untergruppen der Diedergruppe $\mathfrak{D}_n$ und mache sich wieder die geometrische Bedeutung der Untergruppen am regulären n-Eck im Raum (Dieder) klar. Auch ordne man den Spezialfall von Beisp. 4 ein.

Ist $\mathfrak{D}_n$ durch die $2n$ Elemente

$$A^\nu, A^\nu B \quad (\nu = 0, 1, \ldots, n-1)$$

mit den Relationen

$$A^n = E, \; B^2 = E, \; BA = A^{-1} B$$

gegeben, so kommen nur folgende Typen von Untergruppen vor: Untergruppen $\mathfrak{Z}_d$ der durch die A^ν gebildeten zyklischen Untergruppe $\mathfrak{Z}_n$, ihnen entsprechende Untergruppen $\mathfrak{D}_d$, und Untergruppen der Ordnung 2, entsprechend den Elementen $A^\nu B$. Die Diskussion erleichtert sich ein wenig auf Grund von Satz 20.

3. Man bestimme alle Untergruppen der Tetraedergruppe $\mathfrak{T}$.

Von den Elementen $\neq E$ aus $\mathfrak{T}$ ist stets entweder die dritte oder die zweite Potenz $= E$, je nachdem ob das Element einer Drehachse durch eine Ecke und gegenüberliegende Flächenmitte oder einer Drehachse durch zwei gegenüberliegende Kantenmitten entspricht. Es ist danach klar, welche zyklischen Untergruppen in $\mathfrak{T}$ enthalten sind. Den drei zueinander senkrechten Drehachsen durch die Kantenmitten entsprechend ist ferner eine Diedergruppe $\mathfrak{D}_2$ (Vierergruppe) in $\mathfrak{T}$ enthalten. Um zu zeigen, daß damit alle Untergruppen von $\mathfrak{T}$ aufgezählt sind, genügt es festzustellen, daß aus einer Ecken-Flächenmitten-Drehung A und einer Kantenmitten-Drehung B (welcher, ist aus Symmetriegründen einerlei) die ganze Gruppe $\mathfrak{T}$ zusammensetzbar ist.

4. Man beweise:

a) Die ganzen Vielfachen einer ganzen Zahl m bilden eine Untergruppe der Additionsgruppe aller ganzen Zahlen. — Für welche m ist diese Untergruppe echt?

---

[1]) Siehe hierzu die allgemeine Theorie der zyklischen Gruppen in **2**, § 3.

b) Die ganzen Zahlen bilden eine Untergruppe der Additionsgruppe aller rationalen Zahlen.

c) Die positiven reellen Zahlen bilden eine Untergruppe der Multiplikationsgruppe aller reellen Zahlen $\neq 0$.

Satz 20 genügt hier nicht.

5. Man beweise, daß die folgenden Relationen Kongruenzrelationen sind:

a) (Additionsgruppe aller ganzen Zahlen; Kongruenz mod. m)[1])

$a \equiv b$, wenn $a - b$ ein ganzes Vielfaches von m ist.

b) (Additionsgruppe aller rationalen Zahlen; Kongruenz mod. 1)

$a \equiv b$, wenn $a - b$ eine ganze Zahl ist.

c) (Multiplikationsgruppe aller reellen Zahlen $\neq 0$)

$a \equiv b$, wenn a und b dasselbe Vorzeichen haben.

Man mache sich die Beziehung dieser Kongruenzrelationen zu den in Aufg. 4 betrachteten Untergruppen klar. Von welchem Typus sind die zugehörigen Restklassengruppen in den Fällen a) und c)? Durch welche Eigenschaft unterscheidet sich die Restklassengruppe im Falle b) von denen unter a) und c)?

Siehe — falls nötig — den allgemeinen Tatbestand in Satz 35 [66]. Fall a) fällt als Spezialfall bereits unter § 2, Aufg. 9.

6. Man beweise: Die Gesamtheit derjenigen Elemente aus $\mathfrak{G}$, die aus den Elementen einer Teilmenge M von $\mathfrak{G}$ durch fortgesetzte Anwendung der Multiplikation und (beiderseitigen) Division gewonnen werden können, bilden eine Untergruppe von $\mathfrak{G}$ (die durch M erzeugte Untergruppe).

Man wende Satz 19 sowie Satz 15 [51] an.

7. Von welchem Typus ist die durch ein Element A erzeugte Untergruppe einer Gruppe $\mathfrak{G}$ (die Periode von A)?

Man unterscheide den Fall, wo alle ganzen Potenzen A^n voneinander verschieden sind (ein Typus), und den gegenteiligen Fall, in dem es dann ein kleinstes positives n geben muß, für das $A^n = E$

---

[1]) Vgl. dazu die allgemeine Theorie in 2, § 2.

ist (für jedes n ein Typus). Siehe hierzu — falls nötig — die in 2, § 3, insbesondere Satz 33, 34 [31, 32] entwickelte Theorie.

8. Zwei Elemente A, B einer Gruppe $\mathfrak{G}$ heißen vertauschbar, wenn $AB = BA$ ist (oder also auch: wenn ihr Kommutator gleich E ist). — Man beweise: Die Gesamtheit derjenigen Elemente aus $\mathfrak{G}$, die mit allen Elementen aus $\mathfrak{G}$ vertauschbar sind, bildet eine abelsche Untergruppe von $\mathfrak{G}$ (das Zentrum von $\mathfrak{G}$).

9. Es seien $\mathfrak{Z}_1$, $\mathfrak{Z}_2$ zwei elementweise vertauschbare zyklische Untergruppen einer Gruppe $\mathfrak{G}$, der Ordnungen m_1, m_2, und es sei d die Ordnung ihres Durchschnitts $\mathfrak{D}$, k die Ordnung ihres Kompositums $\mathfrak{K}$. — Man zeige die Gültigkeit der Relation $dk = m_1 m_2$, durch die k bei bekanntem d oder d bei bekanntem k bestimmt ist.

Man führe erzeugende Elemente D, A_1, A_2 von $\mathfrak{D}$, $\mathfrak{Z}_1$, $\mathfrak{Z}_2$ ein und stelle die Elemente von $\mathfrak{K}$ in der Form $D^{\alpha} A_1^{\alpha_1} A_2^{\alpha_2}$ mit einem möglichst kleinen Bereich für die Exponenten $\alpha, \alpha_1, \alpha_2$ dar.

10. Man bestimme den Durchschnitt und das Kompositum zweier Untergruppen $\mathfrak{D}_d$ und $\mathfrak{Z}_{d'}$ der Diedergruppe $\mathfrak{D}_n$ (d und d' Teiler von n).

Der Durchschnitt hängt mit dem größten gemeinsamen Teiler, das Kompositum mit dem kleinsten gemeinsamen Vielfachen von d und d' zusammen. Siehe hierzu — falls nötig — die allgemeine Theorie in 2, Satz 14 [18] und in Aufg. 16 zu 2, § 1.

11. Man bestimme das Kompositum der beiden Untergruppen $\mathfrak{Z}_n$ und (E, B), sowie das der beiden Untergruppen (E, B) und $(E, A^k B)$ der Diedergruppe $\mathfrak{D}_n$.

Im letzteren Fall kommt es auf den größten gemeinsamen Teiler von n mit dem gegebenen Exponenten k an.

12. Welche der in Aufg. 1—4, 7 und § 6, Aufg. 4 erhaltenen Gruppen sind zueinander isomorph? Welche verschiedenen Gruppentypen sind also in diesen Aufgaben vorgekommen?

13. Man beweise, daß in einer beliebigen Gruppe $\mathfrak{G}$ durch $A \longleftrightarrow A^{-1}$ eine eineindeutige Zuordnung von $\mathfrak{G}$ zu sich selbst

[also eine Permutation[1]) von $\mathfrak{G}$] gegeben ist. Wie verhält sich diese Zuordnung zur Multiplikation in $\mathfrak{G}$? Für welche Gruppen ist sie isomorph [also ein Automorphismus[2]) von $\mathfrak{G}$]?

Man wende Satz 15, 17 [51, 52] an.

14. Man beweise: Ist n eine feste natürliche Zahl, so bildet die Zuordnung $a \longleftrightarrow na$ einen Automorphismus in der Additionsgruppe aller rationalen oder aller reellen Zahlen, ferner die Zuordnung $a \longleftrightarrow a^n$ einen Automorphismus in der Multiplikationsgruppe aller reellen positiven Zahlen.

§ 8. Zerlegung einer Gruppe nach einer Untergruppe.

1. Man zeige: Ist $S_1, S_2, \ldots$ ein vollständiges hinteres Restsystem von $\mathfrak{G}$ nach $\mathfrak{H}$, so ist $S_1^{-1}, S_2^{-1}, \ldots$ ein vollständiges vorderes Restsystem von $\mathfrak{G}$ nach $\mathfrak{H}$.

Die Relationen $S \overset{(h)}{\equiv} S'(\mathfrak{H})$ und $S^{-1} \overset{(v)}{\equiv} S'^{-1}(\mathfrak{H})$ bedingen sich gegenseitig.

2. Man stelle vordere und hintere Zerlegung der Diedergruppen $\mathfrak{D}_n$ sowie der Tetraedergruppe $\mathfrak{T}$ nach ihren verschiedenen Untergruppen her.

Siehe dazu Aufg. 1, ferner die Erl. zu § 7, Aufg. 2, 3, sowie den für die Diedergruppen typischen Spezialfall in Beisp. 2.

3. Man stelle die Zerlegung in Restklassen nach den in § 7, Aufg. 4, a), b), c) angegebenen Untergruppen auf.

Man mache sich die Identität dieser Aufgabe mit der Schlußfrage in § 7, Aufg. 5 klar. Im Falle b) hat man zwar unendlich viele Restklassen, kann aber doch ein einfaches vollständiges Restsystem angeben.

4. Man zeige, daß in einer beliebigen Gruppe $\mathfrak{G}$ der endlichen Ordnung n für jedes Element A die Relation $A^n = E$ gilt.

Man wende Satz 25 auf die durch A erzeugte zyklische Untergruppe von $\mathfrak{G}$ (die Periode von A) an. Für abelsche Gruppen siehe auch schon § 6, Aufg. 6, allgemein 2, Satz 34 [32].

5. Unter der Ordnung eines Elements A einer Gruppe $\mathfrak{G}$ versteht man die Ordnung seiner Periode. — A_1, A_2 seien

---

[1]) Siehe Def. 35 [104]. [2]) Siehe 2, Anm. bei Def. 32 [92/93].

zwei vertauschbare Elemente einer Gruppe $\mathfrak{G}$ der endlichen Ordnungen m_1, m_2. Welche Aussage kann man über die Ordnung von A_1A_2 machen?

Durch Anwendung von § 7, Aufg. 9 ergibt sich für die Ordnung eine obere Schranke (im Sinne eines Multiplums).

6. Man konstruiere Fälle, wo die in Aufg. 5 erhaltene obere Schranke wirklich erreicht wird, und auch solche, wo sie nicht erreicht wird.

Für das erstere genügt es, daß die Zahlen m_1, m_2 keinen gemeinsamen Teiler haben; siehe **2**, Satz 35 [32]. Für das letztere verwende man etwa $AA^{-1} = E$.

7. Man beweise, daß eine Gruppe von Primzahlordnung notwendig zyklisch ist.

Man betrachte dazu die Periode irgendeines Elements $\neq E$.

8. Man beweise: Ist $\mathfrak{H}$ Untergruppe von $\mathfrak{G}$, $\mathfrak{K}$ Untergruppe von $\mathfrak{H}$, und durchläuft S ein vollständiges hinteres Restsystem von $\mathfrak{G}$ nach $\mathfrak{H}$, T ein vollständiges hinteres Restsystem von $\mathfrak{H}$ nach $\mathfrak{K}$, so durchläuft ST ein vollständiges hinteres Restsystem von $\mathfrak{G}$ nach $\mathfrak{K}$.

Für beliebige A, B aus $\mathfrak{H}$ und U aus $\mathfrak{G}$ bedingen sich die Relationen $A \overset{(h)}{\equiv} B(\mathfrak{K})$ und $UA \overset{(h)}{\equiv} UB(\mathfrak{K})$ gegenseitig.

9. Wie stellt sich der Sachverhalt in Aufg. 8 für vordere Restsysteme dar?

Es tritt TS an Stelle von ST.

10. Welche Folgerungen ergeben sich aus dem Sachverhalt in Aufg. 8 für die Indizes von $\mathfrak{H}$ in $\mathfrak{G}$, $\mathfrak{K}$ in $\mathfrak{G}$, $\mathfrak{K}$ in $\mathfrak{H}$?

Man kann erstens Abhängigkeiten je nach dem Ausfall der Alternative „endlich" oder „unendlich" für jene drei Indizes aufstellen, und zweitens für den Fall, daß alle drei endlich sind, eine Produktrelation herleiten.

11. Man zeige, daß von den Restklassen einer Gruppe $\mathfrak{G}$ nach einer Untergruppe $\mathfrak{H}$ stets nur die Hauptklasse $\mathfrak{H}$ eine Untergruppe von $\mathfrak{G}$ ist (vgl. Anm. 1 zu Def. 18).

Sonst ist die Quotientenbedingung von Satz 19 [55] und insbesondere die Existenz des Einselements gemäß Satz 14 [50] verletzt.

§ 9. Normalteiler, konjugierte Teilmengen einer Gruppe, Faktorgruppe.

1. Unter einer Teilfigur Ψ einer geometrischen Figur Φ sei irgendeine Teilmenge von Stücken von Φ verstanden, also z. B. eine Ecke, Kante, Fläche, Achse, oder ein System von gleichartigen oder verschiedenartigen solchen. Es sei $\mathfrak{G}$ die Gruppe der Deckbewegungen von Φ (§ 6, Aufg. 1). — Man beweise der Reihe nach:

a) Diejenigen Deckbewegungen von Φ, die — von einer festen Anfangslage von Φ aus ausgeführt — zugleich Deckbewegungen von Ψ sind, bilden eine Untergruppe $\mathfrak{H}$ von $\mathfrak{G}$.

b) Geht die Teilfigur Ψ durch die Deckbewegung S von Φ an den Platz der Teilfigur Ψ' über, so ist die zu Ψ' im Sinne von a) gehörige Untergruppe $\mathfrak{H}' = S^{-1}\mathfrak{H}S$.

c) Dem vollen System der aus Ψ durch die Deckbewegungen von Φ entstehenden Teilfiguren entspricht so das volle System der zu $\mathfrak{H}$ in $\mathfrak{G}$ konjugierten Untergruppen. (Dabei entsprechen nicht notwendig verschiedenen Teilfiguren auch verschiedene konjugierte Untergruppen; vgl. Aufg. 6.,

d) Kommt die Teilfigur Ψ bei allen Deckbewegungen von Φ mit sich selbst zur Deckung (invariante Teilfigur — Spezialfall $\mathfrak{H} = \mathfrak{G}$ in a)—c)), so bilden diejenigen Deckbewegungen von Φ, bei denen Ψ die identische Deckbewegung erfährt, einen Normalteiler $\mathfrak{N}$ von $\mathfrak{G}$. Dabei fällt $\mathfrak{N}$ nicht notwendig mit $\mathfrak{E}$ und auch nicht notwendig mit $\mathfrak{H} = \mathfrak{G}$ zusammen, wie man etwa an folgendem Beispiel erkennt: Φ reguläres Tetraeder, Ψ das System der drei Kantenmittenachsen, die man sich als ungerichtete Geraden vorstelle.

e) Diejenigen Deckbewegungen von Φ, die zu gleicher Zeit Deckbewegungen für jede einzelne der Teilfiguren des Systems aus c) sind, bilden ebenfalls einen Normalteiler von $\mathfrak{G}$.

a) folgt aus Satz 19 [55], b) und c) nach Def. 21, Satz 29, d) dann nach Def. 19, e) nach Satz 33.

2. Man bestimme alle Systeme konjugierter Untergruppen, insbesondere alle Normalteiler, sowie für die letzteren die zugehörigen Faktorgruppen, für die Diedergruppen $\mathfrak{D}_n$ und für die Tetraedergruppe $\mathfrak{T}$.

Man mache sich die geometrische Bedeutung der in § 7, Aufg. 2, 3 erhaltenen Untergruppen durch Angabe von zugehörigen Teilfiguren klar und wende die Resultate von Aufg. 1 an. — Beim Dieder sehe man obere und untere Seitenfläche als zwei verschiedene Teilfiguren an (vgl. § 6, Aufg. 2).

3. Man bestimme die Klassen konjugierter Elemente in den Diedergruppen $\mathfrak{D}_n$ und in der Tetraedergruppe $\mathfrak{T}$ und überzeuge sich in diesen Fällen von der Richtigkeit des Normalteilerkriteriums in Satz 32.

Siehe die Erläuterungen zu § 7, Aufg. 2, 3, sowie den für die Diedergruppen typischen Spezialfall in Beisp. 2.

4. Neben den in § 6, Aufg. 2 behandelten regulären Polyedern gibt es noch Oktaeder und Hexaeder, sowie Ikosaeder und Dodekaeder. — Man zeige: Jedem dieser beiden Paare entspricht nur ein Gruppentypus (Oktaedergruppe $\mathfrak{O}$, Ikosaedergruppe $\mathfrak{J}$) als Gruppe der Deckbewegungen.

Man wende Aufg. 1, a), an, indem man beachtet, daß jedes der Polyeder eines Paares als (invariante) Teilfigur des anderen darstellbar ist.

5. Man bestimme die Klassen konjugierter Elemente in der Oktaedergruppe $\mathfrak{O}$ und in der Ikosaedergruppe $\mathfrak{J}$.

Die Elemente sind durch Drehungen um die folgenden drei Sorten von Achsen gegeben: a) durch zwei gegenüberliegende Ecken, b) durch zwei gegenüberliegende Flächenmitten, c) durch zwei gegenüberliegende Kantenmitten. Ist A eine Drehung, die — von einer festen Anfangslage ausgehend — um die Achse A durch den Winkel α erfolgt, so ist die mit S transformierte Drehung $A' = S^{-1} AS$, ähnlich wie in Aufg. 1, b), eine Drehung durch denselben Winkel α um diejenige Achse A', an deren Stelle die Achse A durch die Deckbewegung S kommt.

6. Man bestimme die Normalteiler der Oktaedergruppe $\mathfrak{O}$ und beweise, daß die Ikosaedergruppe $\mathfrak{J}$ keinen echten Normalteiler hat (einfach ist). Man mache sich die geometri-

sche Bedeutung der resultierenden Normalteiler von $\mathfrak{O}$ durch Angabe zugehöriger Teilfiguren im Sinne von Aufg. 1., e) des Oktaeders klar.

Man wende Satz 32, Aufg. 5 und Satz 25 [59] an, indem man versucht, aus den Anzahlen der Elemente in den Klassen konjugierter Elemente durch additives Kombinieren mögliche Untergruppenordnungen herzustellen. Dabei hat man von vornherein eine Einschränkung, nämlich daß stets die nur aus E bestehende Klasse mitbenutzt werden muß.

7. Man beweise: Eine Untergruppe vom Index 2 einer beliebigen Gruppe ist notwendig Normalteiler.

Man wendet am einfachsten Def. 19 an.

8. Man beweise: Das Zentrum (§ 7, Aufg. 8) einer beliebigen Gruppe ist stets Normalteiler.

Man wendet wieder am einfachsten Def. 19 an.

9. Die Abbildung der Elemente S einer Gruppe $\mathfrak{G}$ auf die Restklassen $\mathfrak{H}S$ nach einem Normalteiler $\mathfrak{H}$, d. h. auf die Elemente $\overline{S}$ der Faktorgruppe $\overline{\mathfrak{G}} = \mathfrak{G}/\mathfrak{H}$, ist eine eindeutige (für $\mathfrak{H} > \mathfrak{E}$ nicht eineindeutige) Abbildung von $\mathfrak{G}$ auf $\overline{\mathfrak{G}}$ mit der Eigenschaft:

$$\text{aus } S \to \overline{S},\quad T \to \overline{T} \quad \text{folgt} \quad ST \to \overline{S}\,\overline{T}.$$

Eine Abbildung mit dieser Eigenschaft heißt ein Homomorphismus von $\mathfrak{G}$ auf $\overline{\mathfrak{G}}$. — Man zeige, daß umgekehrt jeder Homomorphismus von $\mathfrak{G}$ auf eine andere Gruppe $\overline{\mathfrak{G}}$ in obiger Art aus einem Normalteiler $\mathfrak{H}$ von $\mathfrak{G}$ entspringt, d. h. daß dazu ein Normalteiler $\mathfrak{H}$ von $\mathfrak{G}$ existiert, derart, daß $\overline{\mathfrak{G}} \cong \mathfrak{G}/\mathfrak{H}$ ist[1]) und der gegebene Homomorphismus durch $S \to \mathfrak{H}S$ und einen Isomorphismus zwischen $\mathfrak{G}/\mathfrak{H}$ und $\overline{\mathfrak{G}}$ zustande kommt.

Nach Satz 35 genügt es zu bestätigen, daß durch die Festsetzung:

$$S \equiv T, \quad \text{wenn} \quad \overline{S} = \overline{T}$$

eine Kongruenzrelation in $\mathfrak{G}$ definiert wird.

10. Man beweise auf Grund von Aufg. 9 noch einmal, daß jeder invarianten Teilfigur Ψ von Φ ein Normalteiler $\mathfrak{H}$

[1]) Wir verwenden $\cong$ als Zeichen für die Isomorphie.

der Gruppe $\mathfrak{G}$ der Deckbewegungen von Φ entspricht [Aufg. 1, d)].

Die Deckbewegungen von Φ werden auf Deckbewegungen von Ψ homomorph abgebildet.

11. Es sei $\mathfrak{H}$ eine Untergruppe der Gruppe $\mathfrak{G}$ und $\mathfrak{N}$ die Gesamtheit derjenigen Elemente S aus $\mathfrak{G}$, für die $\mathfrak{H}S = S\mathfrak{H}$, oder also auch $S^{-1}\mathfrak{H}S = \mathfrak{H}$ ist (der Normalisator der Untergruppe $\mathfrak{H}$ in $\mathfrak{G}$). — Man beweise der Reihe nach:

a) $\mathfrak{N}$ ist eine Untergruppe von $\mathfrak{G}$.

b) $\mathfrak{H}$ ist Normalteiler von $\mathfrak{N}$.

c) Ist $\mathfrak{H}$ Normalteiler einer Untergruppe $\bar{\mathfrak{H}}$ von $\mathfrak{G}$, so ist $\bar{\mathfrak{H}}$ in $\mathfrak{N}$ enthalten.

Kurz: Der Normalisator $\mathfrak{N}$ von $\mathfrak{H}$ in $\mathfrak{G}$ ist die umfassendste Untergruppe von $\mathfrak{G}$, von der $\mathfrak{H}$ Normalteiler ist.

a) folgt aus Satz 19 [55], b) und c) am einfachsten aus Def. 19.

12. Man beweise: Die Anzahl der verschiedenen konjugierten Untergruppen zu $\mathfrak{H}$ in $\mathfrak{G}$ ist gleich dem Index des Normalisators $\mathfrak{N}$ von $\mathfrak{H}$ in $\mathfrak{G}$. Insbesondere für endliches $\mathfrak{G}$ ist also diese Anzahl stets Teiler der Ordnung von $\mathfrak{G}$.

Man zeige genauer, daß die Repräsentanten S eines vollständigen vorderen Restsystems von $\mathfrak{G}$ nach $\mathfrak{N}$ in der Form $S^{-1}\mathfrak{H}S$ das vollständige System der verschiedenen zu $\mathfrak{H}$ konjugierten Untergruppen von $\mathfrak{G}$ liefern.

13. Man setze in Aufg. 11 und 12 statt der Untergruppe $\mathfrak{H}$ ein einzelnes Element A aus $\mathfrak{G}$, so daß also $\mathfrak{N}$ jetzt die Gesamtheit derjenigen Elemente aus $\mathfrak{G}$ wird, die mit A vertauschbar sind (der Normalisator des Elements A in $\mathfrak{G}$). — Man beweise entsprechend: $\mathfrak{N}$ ist eine Untergruppe von $\mathfrak{G}$; ihr Index ist gleich der Anzahl der verschiedenen zu A konjugierten Elemente in $\mathfrak{G}$. Insbesondere für endliches $\mathfrak{G}$ ist also diese Anzahl stets Teiler der Ordnung von $\mathfrak{G}$. Ferner: Die Periode von A (§ 7, Aufg. 7) ist Normalteiler von $\mathfrak{N}$, und $\mathfrak{N}$ ist Normalteiler des Normalisators der Periode von A.

14. Es seien $\mathfrak{H}$ und $\mathfrak{J}$ Untergruppen einer Gruppe $\mathfrak{G}$ derart, daß $\mathfrak{J}$ im Normalisator von $\mathfrak{H}$ enthalten ist. $\mathfrak{K} = \{\mathfrak{H}, \mathfrak{J}\}$ sei das Kompositum, $\mathfrak{D} = [\mathfrak{H}, \mathfrak{J}]$ der Durchschnitt von $\mathfrak{H}$ und $\mathfrak{J}$. — Man beweise der Reihe nach:

a) $\mathfrak{H}$ ist Normalteiler von $\mathfrak{K}$, $\mathfrak{D}$ ist Normalteiler von $\mathfrak{J}$.

b) Für die Faktorgruppen gilt $\mathfrak{K}/\mathfrak{H} \cong \mathfrak{J}/\mathfrak{D}$.

c) Sind $\mathfrak{H}$ und $\mathfrak{J}$ sogar Normalteiler von $\mathfrak{G}$, so sind auch $\mathfrak{K}$ und $\mathfrak{D}$ Normalteiler von $\mathfrak{G}$.

a) und c) folgen ohne weiteres nach Def. 19 und der Voraussetzung. Für b) gehe man von einem vollständigen Restsystem von $\mathfrak{J}$ nach $\mathfrak{D}$ aus und zeige, daß es auch vollständiges Restsystem von $\mathfrak{K}$ nach $\mathfrak{H}$ ist.

15. Man beweise: Ist $\mathfrak{H}$ Normalteiler von $\mathfrak{G}$ von endlichem Index j, so gehört S^j für jedes S aus $\mathfrak{G}$ zu $\mathfrak{H}$.

Man wende § 8, Aufg. 4 an.

16. Man beweise: Die Additionsgruppe aller rationalen (oder aller reellen) Zahlen und die Multiplikationsgruppe aller reellen positiven Zahlen haben keine echten Untergruppen von endlichem Index.

Man wende Aufg. 15 sowie § 7, Aufg. 14 an.

17. Man bestimme alle Untergruppen $\mathfrak{H}$ von endlichem Index in der Multiplikationsgruppe $\mathfrak{G}$ aller reellen Zahlen $\neq 0$.

Eine solche ist die Gruppe $\mathfrak{J}$ der positiven reellen Zahlen. Für eine beliebige Untergruppe $\mathfrak{H}$ von endlichem Index betrachte man den Durchschnitt $\mathfrak{D}$ mit $\mathfrak{J}$ und wende Aufg. 14, 16 an.

18. Man beweise: Ist C der (etwa hintere) Kommutator von A und B (§ 6, Aufg. 5), so ist für beliebige natürliche m und n der (hintere) Kommutator $C_{m,n}$ von A^m und B^n ein Produkt aus Transformierten von C.

Man berechne der Reihe nach die Kommutatoren zunächst von $A, B^2; \ldots; A, B^n$; dann von $A^2, B^n; \ldots; A^m, B^n$.

19. Man beweise: Ist C der (etwa hintere) Kommutator von A und B, so ist $S^{-1}CS$ der (hintere) Kommutator von $S^{-1}AS$ und $S^{-1}BS$.

20. Unter der Kommutatorgruppe $\mathfrak{C}$ einer Gruppe $\mathfrak{G}$ versteht man die aus der Menge aller Kommutatoren je zweier Elemente aus $\mathfrak{G}$ erzeugte Untergruppe von $\mathfrak{G}$ (§ 7, Aufg. 6). — Man beweise der Reihe nach:

a) $\mathfrak{C}$ ist Normalteiler von $\mathfrak{G}$.

b) Die Faktorgruppe $\mathfrak{G}/\mathfrak{C}$ ist abelsch.

c) Ist $\mathfrak{H}$ irgendein Normalteiler von $\mathfrak{G}$ mit abelscher Faktorgruppe $\mathfrak{G}/\mathfrak{H}$, so ist $\mathfrak{C}$ in $\mathfrak{H}$ enthalten.

Kurz: Die Kommutatorgruppe $\mathfrak{C}$ ist der engste Normalteiler von $\mathfrak{G}$ mit abelscher Faktorgruppe.

a) folgt am einfachsten nach Satz 32 aus Aufg. 19, für b) und c) studiere man die $\mathfrak{C}$ und $\mathfrak{H}$ gemäß Satz 34, 35 entsprechenden Kongruenzrelationen.

21. Man bestimme Zentrum und Kommutatorgruppe für die abelschen Gruppen, die Diedergruppen $\mathfrak{D}_n$, die Tetraedergruppe $\mathfrak{T}$, die Oktaedergruppe $\mathfrak{O}$, und die Ikosaedergruppe $\mathfrak{J}$.

Dazu beachte man Aufg. 5, 6, sowie § 6, Aufg. 2, 3 und § 7, Aufg. 2, 3.

1, III. Determinantenfreie lineare Algebra.

§ 10. Linearformen, Vektoren, Matrizen.

1. Sind die beiden Linearformen

a) x_1 und $x_1 + x_2$,

b) $x_1 + x_2$ und $x_1 - x_2$

linear unabhängig?

Man setze eine lineare Relation zwischen ihnen mit unbestimmten Koeffizienten c_1, c_2 an und versuche zu folgern, daß $c_1 = 0$, $c_2 = 0$ sein muß. Im Falle b) kommt es darauf an, ob im Grundkörper K gilt $2e = 0$ oder $2e \neq 0$[1]).

2. Man zeige, daß die Linearformen durch die Eigenschaft von Satz 44 innerhalb des Bereichs aller Funktionen (i. S. d. An.) von $x_1, \ldots, x_n$ über K charakterisiert sind.

---

[1]) d. h. ob die Charakteristik von K gleich 2 oder von 2 verschieden ist; siehe dazu die allgemeine Theorie in 2, § 4, insbesondere Def. 14 [36]. — Diese Unterscheidung wird im folgenden mehrfach eine Rolle spielen.

Man wende die fragliche Eigenschaft auf die lineare Komposition $\mathfrak{x} = \sum_{k=1}^{n} x_k \mathfrak{e}_k$ des Vektors $\mathfrak{x} = (x_1, \ldots, x_n)$ aus den Einheitsvektoren $\mathfrak{e}_k$ an und beachte auch Satz 45.

3. Unter dem Produkt einer (m, n)-reihigen Matrix $A = (a_{ik})$ mit einer $(n, ö)$-reihigen Matrix $B = (b_{ik})$ versteht man die $(m, ö)$-reihige Matrix $C = (c_{ik})$ mit

$$c_{ik} = \sum_{l=1}^{n} a_{il} b_{lk} \quad (i = 1, \ldots, m; \quad k = 1, \ldots, ö),$$

für die also c_{ik} das innere Produkt der i-ten Zeile von A mit der k-ten Spalte von B ist. — Man zeige, daß diese Produktmatrix C auf folgende zwei Arten als Matrix eines Linearformensystems zustande kommt:

a) indem man in die m Linearformen $f_i(\mathfrak{x}) \equiv \sum_{l=1}^{n} a_{il} x_l$ $(i = 1, \ldots, m)$ mit der Matrix A für die n Unbestimmten x_l die Linearformen $\sum_{k=1}^{ö} b_{lk} y_k$ $(l = 1, \ldots, n)$ mit der Matrix B in $ö$ neuen Unbestimmten y_k einsetzt, und so m neue Linearformen $g_i(\mathfrak{y})$ herleitet (Transformation eines Linearformensystems auf neue Unbestimmte),

b) indem man von den n Linearformen $f_l(\mathfrak{x}) \equiv \sum_{k=1}^{ö} b_{lk} x_k$ $(l = 1, \ldots n)$ mit der Matrix B die m linearen Komposita $\sum_{l=1}^{n} a_{il} f_l$ $(i = 1, \ldots m)$ mit der Matrix A bildet, und so m neue Linearformen $g_i(\mathfrak{x})$ herleitet (Transformation eines Linearformensystems in ein neues derselben Unbestimmten).

4. Man beweise, daß die in Aufg. 3 erklärte Matrizenmultiplikation dem assoziativen Gesetz und, zusammen mit der durch (2.') gegebenen Matrizenaddition, dem distributiven Gesetz genügt, daß dagegen das kommutative Gesetz der Multiplikation für sie nicht allgemein gilt.

Das assoziative und distributive Gesetz beweist man durch Hinschreiben der sich aus den Definitionen ergebenden Ausdrücke für $A(BC)$, $(AB)C$, $(A+B)C$, $AC+BC$, $C(A+B)$, $CA+CB$ (man muß die beiderseitige Distributivität zeigen!) und Anwendung der entsprechenden Gesetze für die Elemente des Grundkörpers. Natürlich ist stillschweigend vorausgesetzt, daß die Reihenzahlen der eingehenden Matrizen A, B, C so sind, daß die Definitionen von Summe [in (2.')] und Produkt [in Aufg. 3] überhaupt anwendbar sind. Für das kommutative Gesetz hat man entsprechend zunächst von vornherein nur Matrizen A, B mit einer und derselben Zeilen- und Spaltenanzahl n (n-reihig quadratische Matrizen) zu betrachten. Man findet dann für $n > 1$ leicht Beispiele mit $AB \neq BA$.

5. Insbesondere bilden hiernach die n-reihig quadratischen Matrizen einer festen Reihenzahl n (aus dem Grundkörper K) einen nichtkommutativen Ring (sinngemäße Verallgemeinerung des Ringbegriffs in Def. 1 [9]). — Man beweise: In diesem Ring gibt es ein eindeutig bestimmtes Einselement, d. h. zu jedem n gibt es eine und nur eine n-reihig quadratische Matrix E_n mit den Eigenschaften:

$E_n A = A$ für alle Matrizen A mit n Zeilen (und n oder auch beliebig vielen Spalten),

$A E_n = A$ für alle Matrizen A mit n Spalten (und n oder auch beliebig vielen Zeilen),

(n-reihige Einheitsmatrix; wo n aus dem Zusammenhang ersichtlich, auch einfach mit E bezeichnet).

Die n-reihig quadratische Matrix E_n, deren Zeilen (oder Spalten) die n Einheitsvektoren $\mathfrak{e}_1, \ldots, \mathfrak{e}_n$ sind, leistet das Verlangte. Die Eindeutigkeit ergibt sich, indem man für E_n eine unbestimmte n-reihig quadratische Matrix X ansetzt und eine der beiden Forderungen speziell für die zuvor genannte Matrix E_n als A anwendet.

6. Man konstruiere die Vertauschungsmatrix V_{ik}, die bei vorderer Multiplikation mit einer beliebigen Matrix A deren i-te mit der k-ten Zeile vertauscht, ferner die Multiplikationsmatrix $U_i(t)$, die wieder bei vorderer Multiplikation die Elemente der i-ten Zeile von A mit t multipliziert, während alles andere unverändert bleibt. Schließlich bilde man die Additionsmatrix W_{ik}, die bei vorderer Multiplikation die k-te Zeile von A zur i-ten addiert, sonst aber alles unver-

ändert läßt. Welche Wirkung haben diese drei Matrizen, wenn man A hinten mit ihnen multipliziert? Man bilde noch aus $U_i(t)$ und W_{ik} eine Matrix, die bei vorderer Multiplikation die mit t multiplizierte k-te Zeile von A zur i-ten addiert. (Auch hier gilt natürlich die stillschweigende Voraussetzung von Aufg. 4, 5.)

Falls man die gesuchten Matrizen nicht sofort findet, kann man sie in der Form (t_{ik}) mit unbestimmten t_{ik} ansetzen. Man bilde sodann die Produkte $(t_{ik})\cdot A$ und erhält auf Grund der Eindeutigkeit (vgl. (1.)) einfache Gleichungen für die t_{ik}.

7. Existiert zu einer n-reihig quadratischen Matrix A eine n-reihig quadratische Matrix A_h^{-1} (bzw. A_v^{-1}) derart, daß

$$A A_h^{-1} = E \quad (A_v^{-1} A = E)$$

ist, so sagt man, A_h^{-1} sei eine **hintere** (A_v^{-1} eine **vordere**) **Reziproke** zu A.[1]) — Man beweise: Sind A_h^{-1}, B_h^{-1} **hintere** (A_v^{-1}, B_v^{-1} vordere) Reziproke zu den n-reihig quadratischen Matrizen A, B, so ist $B_h^{-1} A_h^{-1}$ eine hintere ($B_v^{-1} A_v^{-1}$ eine vordere) Reziproke zu AB.

Man hat das assoziative Gesetz der Matrizenmultiplikation anzuwenden.

8. Man beweise: Existiert zu einer n-reihig quadratischen Matrix A eine hintere (vordere) Reziproke, so kann es zu A nicht mehr als eine vordere (hintere) Reziproke geben. Existieren hintere und vordere Reziproke zu A, so sind beide einander gleich; Bezeichnung dann einfach A^{-1}.

Man multipliziere die hypothetischen Gleichungen $Y_1 A = E$ und $Y_2 A = E$ ($AX_1 = E$ und $AX_2 = E$) hinten mit A_h^{-1} (vorne mit A_v^{-1}) und hat damit den Beweis für beide Behauptungen.

9. Man bestätige die Behauptung in Anm. 1 nach Def. 28 über das innere Vektorprodukt. Was entsteht bei dieser Matrizenauffassung aus dem inneren Produkt zweier Vek-

---

[1]) Vgl. hierz uauch Satz 18 [52], sowie die späteren Aufg. 1, 3, 4 zu § 14

toren $\mathfrak{a} = (a_k)$ (einzeilige Matrix) und $\mathfrak{b} = (b_i)$ (einspaltige Matrix) bei Vertauschung der Faktoren?

Die n-reihig quadratische Matrix $(b_i a_k)$.

10. Man beweise: Das Linearformensystem $f_i(\mathfrak{x}) \equiv \sum_{k=1}^{n} a_{ik} x_k$ $(i = 1, \ldots, m)$ mit der Matrix $A = (a_{ik})$ kann in der einfachen Form $A\mathfrak{x}$ geschrieben werden, wo $\mathfrak{x}$ als einspaltige Matrix (x_i) aufgefaßt ist.

Das folgt unmittelbar aus der Definition des Matrizenprodukts in Aufg. 3.

11. Wie kann ferner das lineare Kompositum $\sum_{i=1}^{m} c_i f_i$ als Matrizenprodukt geschrieben werden?

$\mathfrak{c}A\mathfrak{x}$, wo $\mathfrak{c} = (c_k)$ (einzeilige Matrix). — Nach Aufg. 4 brauchen keine Klammern gesetzt zu werden.

12. a) Man schreibe die quadratische Form

$$Ax_1^2 + 2Bx_1x_2 + Cx_2^2$$

als Produkt dreier Matrizen.

b) Ebenso schreibe man die bekannten Transformationsformeln für die Drehung eines rechtwinkligen kartesischen Koordinatensystems um den Winkel α als Produkt zweier Matrizen, und zwar auf zwei Arten.

c) Man führe diese Transformation mit der Form a) durch und gebe die neuen Koeffizienten durch Matrizenprodukte wieder.

Zu a): Man benötigt u. a. die Matrix $\begin{pmatrix} A & B \\ B & C \end{pmatrix}$.

Zu b): $\mathfrak{x} = \mathfrak{x}'T$ oder $\mathfrak{x} = T'\mathfrak{x}'$, wobei T eine zweireihige quadratische Matrix ist, deren Elemente aus $\sin\alpha$ und $\cos\alpha$ gebildet werden. (Vgl. Aufg. 10 für $m = n = 2$).

Zu c): Man wende das assoziative Gesetz (Aufg. 4) an.

13. Man beweise die Transpositionsregel $(AB)' = B'A'$. Wie hängt hiernach bei quadratischem A die Reziprokenfrage für A' mit der für A zusammen?

Die Transpositionsregel ergibt sich durch Hinschreiben der Ausdrücke, wie sie sich für beide Seiten aus den Definitionen ergeben. Es folgt: Ist A_h^{-1} eine hintere $[A_v^{-1}$ eine vordere$]$ Reziproke zu A, so ist $(A_h^{-1})'$ eine vordere $[(A_v^{-1})'$ eine hintere] Reziproke zu A'.

14. Es sei $n = \nu_1 + \nu_2 + \cdots + \nu_r$ eine Zerlegung von n in ganze positive Summanden $\nu_1, \nu_2, \ldots, \nu_r$. Dementsprechend sei das quadratische Schema der (n, n)-reihigen Matrizen A in rechteckige Teilmatrizen eingeteilt:

	ν_1	ν_2	.....	ν_r
ν_1	A_{11}	A_{12}		A_{1r}
ν_2	A_{21}	A_{22}		A_{2r}
$\vdots$				
ν_r	A_{r1}	A_{r2}		A_{rr}

Man beweise: Sind

$$A = (A_{\iota\varkappa}) \text{ und } B = (B_{\iota\varkappa}) \quad (\iota, \varkappa = 1, 2, \ldots, r)$$

zwei nach diesem Schema eingeteilte Matrizen, so ist in derselben Einteilung

$$AB = \left(\sum_{\lambda=1}^{r} A_{\iota\lambda} B_{\lambda\varkappa}\right).$$

Die Matrizen A aus den Matrizen $A_{\iota\varkappa}$ multiplizieren sich also nach einer zur Definition des gewöhnlichen Matrizenprodukts (Aufg. 3) ganz analogen Regel.

Man bestätigt das leicht durch Anwendung der in Aufg. 3 gegebenen Multiplikationsdefinition, indem man die Summe, welche das Element in der i-ten Zeile und k-ten Spalte der Produktmatrix AB darstellt, entsprechend der zugrunde liegenden Einteilung des quadratischen Schemas in Teilsummen zerlegt.

§ 11. Inhomogene und homogene lineare Gleichungssysteme.

1. Wie können die linearen Gleichungssysteme (J.), (H.), (H'.) mittels des Matrizenprodukts geschrieben werden?

Siehe § 10, Aufg. 16.

2. Die n-gliedrigen Vektoren über dem Körper K bilden eine abelsche Gruppe $\mathfrak{G}$ bezügl. der Addition (§ 6, Beisp. 1). Die Lösungen von (H.) (einschl. der identischen Lösung) bilden eine Untergruppe $\mathfrak{H}$ von $\mathfrak{G}$. Die Lösungen von (J.) bilden eine Restklasse nach $\mathfrak{H}$ in $\mathfrak{G}$.

Siehe Satz 47, 46 und Satz 19 [55].

3. Man bestimme ein Fundamentallösungssystem für das aus der einen Gleichung

$$x_1 + \cdots + x_n \doteq 0 \qquad (n \geqq 2)$$

bestehende homogene System.

Die n—1 Vektoren $0, \ldots, 0, e, -e, 0, \ldots, 0$ sind a) linear unabhängig, b) Lösungen der Gleichung, und gestatten c) jede Lösung linear aus ihnen zu komponieren.

4. Wie läßt sich demnach die allgemeine Lösung dieser Gleichung durch unabhängige Parameter darstellen?

$$x_1 = \xi_1,\ x_2 = \xi_2 - \xi_1,\ \ldots,\ x_{n-1} = \xi_{n-1} - \xi_{n-2},\ x_n = -\xi_{n-1}.$$

5. Wie lautet demnach die allgemeine Lösung des aus der einen Gleichung

$$x_1 + \cdots + x_n \doteq a$$

bestehenden inhomogenen Systems?

Eine spezielle Lösung läßt sich hier sofort angeben (wenn $ne \neq 0$ ist, sogar in symmetrischer Form). Dann wende man Satz 46 an.

6. Wie läßt sich die Tatsache, daß die Vektoren $\mathfrak{x}_1, \ldots, \mathfrak{x}_s$ Lösungen von (H.) sind, durch ein einziges Matrizenprodukt ausdrücken?

$AX=0$, wo A die (m, n)-reihige Matrix von (H.) und X die aus den $\mathfrak{x}_1, \ldots, \mathfrak{x}_s$ als Spalten gebildete (n, s)-reihige Matrix ist.

7. Welche notwendige Einschränkung für die rechten Seiten des inhomogenen Systems

$$\begin{array}{ll} x_1 & - x_2 \doteq a_1 \\ x_2 & - x_3 \doteq a_2 \\ \multicolumn{2}{l}{\ldots\ldots\ldots\ldots} \\ x_{n-1} & - x_n \doteq a_{n-1} \\ x_n & - x_1 \doteq a_n \end{array} \qquad (n \geqq 2)$$

ergibt sich aus der ohne weiteres ersichtlichen Abhängigkeit der linken Seiten?

Man wende Satz 48 und Aufg. 3, 4 an.

§ 12. Das Toeplitzsche Verfahren.

1. Es sei C eine m-reihig quadratische Matrix mit einer vorderen Reziproken C_v^{-1} (§ 10, Aufg. 7). Durch vordere Multiplikation mit C werde aus dem Gleichungssystem

(J.) $$A\mathfrak{x} \doteq \mathfrak{a}$$

das Gleichungssystem

(J_C) $$CA\mathfrak{x} \doteq C\mathfrak{a}$$

hergeleitet. Jedes so entstehende System (J_C) werde mit (J.) verkoppelt genannt. — Man zeige, daß die Verkoppelung eine Äquivalenzrelation im Sinne von § 2, (I.) ist, und daß verkoppelte Systeme äquivalent im Sinne von Def. 30 sind.

Man beachte, daß (J.) aus (J_C) durch vordere Multiplikation mit C_v^{-1} zurückgewonnen werden kann, sowie § 10, Aufg. 5, 7.

2. Man bestätige, daß die im Beweis des Toeplitzschen Satzes konstruierte Äquivalenzbeziehung zwischen (J.) und (J_0) eine Verkoppelung ist.

Wegen der Transitivität der Verkoppelung (Aufg. 1) genügt es, das einzeln für die beiden Schritte des Toeplitzschen Verfahrens, d. h. einerseits für (J.) und ($\bar{J}_0$), andrerseits für ($\bar{J}_0$) und (J_0) festzustellen.

Für den ersten Schritt hat man ($\bar{J}_0$) durch Hinzufügen von $m-r$ Nullgleichungen als formal m-gliedriges System zu deuten. Man muß sich dann klarmachen:

a) Aus dem so verstandenen ($\bar{J}_0$) entsteht (J.) durch vordere Multiplikation mit einer Matrix des Typus $\begin{pmatrix} E_r & 0 \\ C & E_{m-r} \end{pmatrix}$. — Hierzu beachte man die Relationen (5.), (6.), sowie § 10, Aufg. 3, b).

b) Diese Matrix besitzt eine vordere Reziproke. — Eine solche kann hier unter Beachtung von § 10, Aufg. 14 ohne weiteres hingeschrieben werden, nämlich $\begin{pmatrix} E_r & 0 \\ -C & E_{m-r} \end{pmatrix}$.

Für den zweiten Schritt ist ähnlich nur zu zeigen, daß die Matrix C rechts in (7.) eine vordere Reziproke C_v^{-1} besitzt. Dann hat auch die für die Zusammensetzung mit dem ersten Schritt (Mitführung der $m-r$ Nullgleichungen) zu bildende m-reihig quadratische Matrix $\begin{pmatrix} C & 0 \\ 0 & E_{m-r} \end{pmatrix}$ eine vordere Reziproke, nämlich $\begin{pmatrix} C_v^{-1} & 0 \\ 0 & E_{m-r} \end{pmatrix}$. Die Existenz von C_v^{-1} kommt auf die Auflösbarkeit des mit C gebildeten linearen inhomogenen Gleichungssystems für jeden der Einheitsvektoren auf der rechten Seite hinaus. Diese steht rekursiv (von unten nach oben) sicher; siehe den Schluß des Beweises des Toeplitzschen Satzes.

3. Um auch die im Beweis des Toeplitzschen Satzes „nur aus bezeichnungstechnischen Gründen" gemachten speziellen Annahmen über die Reihenfolge der Gleichungen der Aufg. 2 unterzuordnen, zeige man: Auch die durch eine beliebige Umordnung der Gleichungen eines Systems zustande kommende Äquivalenzbeziehung ist eine Verkoppelung.

Eine Umordnung wird erzeugt durch vordere Multiplikation mit einer Matrix P, die in jeder Zeile und in jeder Spalte an genau einer Stelle das Einselement e, sonst lauter Nullen hat (vgl. § 10, Aufg. 6). Zu einer solchen Matrix P kann man leicht eine vordere Reziproke angeben, nämlich die transponierte P'.

4. Man führe das Toeplitzsche Verfahren für das Gleichungssystem

$$x_1 + x_2 \doteq a_1$$
$$x_1 - x_2 \doteq a_2$$

durch.

Siehe die Erl. zu § 10, Aufg. 1, b).

§ 13. Lösbarkeit und Lösungen linearer Gleichungssysteme.

1. Man beweise, daß die notwendige Lösbarkeitsbedingung für (J.) (Satz 48 [81]) hinreichend ist (Satz 49), direkt, ohne vom Toeplitzschen Satz Gebrauch zu machen, durch vollständige Induktion nach der Anzahl n der Unbekannten.

Zur Zurückführung von n auf $n-1$ Unbekannte setze man für x_n ein passendes Element ξ_n ein. Um dies ξ_n festzulegen, unterscheide man zwei Fälle:

a) x_n ist als lineares Kompositum der $f_i(\mathfrak{x})$ darstellbar:

$$x_n \equiv c_1 f_1(\mathfrak{x}) + \cdots + c_m f_m(\mathfrak{x}).$$

Dann setze man

$$\xi_n = c_1 a_1 + \cdots + c_m a_m.$$

Dies ξ_n hängt wegen der notwendigen Lösbarkeitsbedingung nicht von den ev. auf mehrere Arten bestimmbaren $c_1, \ldots, c_m$ ab.

b) x_n ist nicht als lineares Kompositum der $f_i(\mathfrak{x})$ darstellbar. Dann wähle man ξ_n beliebig (etwa $\xi_n = 0$).

Man betrachte dann das neue System

$$a_{i1} x_1 + \cdots + a_{i,n-1} x_{n-1} = a_i - a_{in} \xi_n \quad (i = 1, \ldots, m)$$

mit $n-1$ Unbekannten, und hat festzustellen, daß es ebenfalls die notwendige Lösbarkeitsbedingung erfüllt. Dies folgt daraus, daß eine lineare Relation zwischen den neuen linken Seiten, die nicht auf eine solche zwischen den alten $f_i(\mathfrak{x})$ zurückgeht, eine Darstellung von x_n als lineares Kompositum der $f_i(\mathfrak{x})$ nach sich zieht, woraus nach der Bestimmung von ξ_n im Falle a) das Bestehen derselben linearen Relation auch für die neuen rechten Seiten gefolgert werden kann.

2. Man beweise, daß mehr als m m-gliedrige Vektoren stets linear abhängig sind (Hilfssatz 1 [85]), anders gesagt, daß (H.) für $n > m$ stets lösbar ist, direkt, ohne vom Toeplitzschen Satz Gebrauch zu machen, durch vollständige Induktion nach m.

Zur Zurückführung der Behauptung über (H.) von m auf $m-1$ Gleichungen unterscheide man wieder die zwei Fälle a) und b) der Erl. zu Aufg. 1.

Im Falle a) sind die linken Seiten des nach der Einsetzung $x_n = 0$ entstehenden homogenen Systems

$$a_{i1} x_1 + \cdots + a_{i,n-1} x_{n-1} = 0 \quad (i = 1, \ldots, m)$$

linear abhängig, dies System reduziert sich also weiter durch Weglassen einer linear abhängigen auf $m-1$ Gleichungen für $n-1 > m-1$ Unbekannte.

Im Falle b) erfüllt das nach der Einsetzung $x_n = e$ entstehende System

$$a_{i1}x_1 + \cdots + a_{i,n-1}x_{n-1} \doteq -a_{in}$$

die notwendige Lösbarkeitsbedingung, und man ist auf Aufg. 1 zurückgeführt.

3. Im Beweis von Satz 52 wird unter a) die triviale Tatsache festgestellt, daß, wenn alle $f_i = 0$ sind, alle $\mathfrak{x}$ Lösungen von (H.) sind. — Man zeige direkt, ohne vom Toeplitzschen Satz und dem mit seiner Hilfe bewiesenen Satz 52 Gebrauch zu machen, daß umgekehrt, wenn alle $\mathfrak{x}$ Lösungen von (H.) sind, alle $f_i = 0$ sind.

Die zu beweisende Relation $A = 0$ folgt spaltenweise durch Einsetzen der n Einheitsvektoren $\mathfrak{e}_1, \ldots, \mathfrak{e}_n$ für $\mathfrak{x}$.

4. Die Lösungsgesamtheit von (H.) kann beschrieben werden als die Gesamtheit $\mathfrak{B}$ derjenigen n-gliedrigen Vektoren $\mathfrak{b}$, die mit m gegebenen Vektoren $\mathfrak{a}_i$, den Zeilen der Matrix A von (H.), und somit mit der Gesamtheit $\mathfrak{A}$ der linearen Komposita $\mathfrak{a}$ aus den $\mathfrak{a}_i$, das innere Produkt $\mathfrak{a}\mathfrak{b} = 0$ ergeben.— Man zeige, daß diese Beziehung zwischen den beiden Vektormengen $\mathfrak{A}$ und $\mathfrak{B}$ umkehrbar ist, d. h. daß $\mathfrak{A}$ seinerseits die Gesamtheit aller n-gliedrigen Vektoren $\mathfrak{a}$ ist, die mit den sämtlichen Vektoren $\mathfrak{b}$ aus $\mathfrak{B}$, oder — was dasselbe besagt — auch nur mit den $n-r$ Vektoren $\mathfrak{b}_j$ eines Fundamentallösungssystems von (H.), das innere Produkt $\mathfrak{a}\mathfrak{b} = 0$ ergeben. — Zur Herstellung voller Symmetrie und Analogie mag dann noch in der zuerst gemachten Feststellung die Menge $\mathfrak{A}$ als Gesamtheit der linearen Komposita aus den r Vektoren eines Maximalsystems linear unabhängiger unter den $\mathfrak{a}_i$ beschrieben werden (Hilfssatz 2 [86]), oder auch von vornherein ohne Einschränkung $r = m$ vorausgesetzt werden.

Sei $\mathfrak{A}'$ die Gesamtheit der $\mathfrak{a}$ mit $\mathfrak{a}\mathfrak{b} = 0$ für alle $\mathfrak{b}$ aus $\mathfrak{B}$. Dann ist jedenfalls $\mathfrak{A}$ Teilmenge von $\mathfrak{A}'$. Nun kann $\mathfrak{A}'$ gedeutet werden als die Lösungsgesamtheit des linearen homogenen Systems $\mathfrak{x}\mathfrak{b}_j = 0$ $(j = 1, \ldots, n-r)$. Man wende Satz 52 auf dies System an, um zu zeigen, daß für es die zuvor definierten r Vektoren $\mathfrak{a}_i$ ein Fundamentallösungssystem bilden und somit $\mathfrak{A} = \mathfrak{A}'$ ist.

5. Man zeige in Umkehrung zu § 12, Aufg. 1, daß äquivalente Systeme verkoppelt sind, zunächst für homogene Systeme.

Nach dem zum ersten Schritt des Toeplitzschen Verfahrens in § 12, Aufg. 2 Festgestellten ist jedes homogene System $f_i(\mathfrak{x}) \doteq 0$ verkoppelt mit demjenigen homogenen System, das sich durch Beschränkung auf ein Maximalsystem linear unabhängiger f_i ergibt; unter Beachtung des dort über die Verknüpfung des ersten mit dem zweiten Schritt Gesagten kann man also ohne Einschränkung annehmen, daß die beiden äquivalenten homogenen Systeme aus linear unabhängigen Linearformen gebildet sind. Wegen der Äquivalenz haben sie dann nach Satz 52 dieselbe Anzahl r von Gleichungen. Jetzt wende man Aufg. 4 an, nach der die r Zeilenvektoren der Matrix jedes der beiden Systeme je ein Fundamentallösungssystem ein- und desselben (aus der gemeinsamen Lösungsgesamtheit der ursprünglichen Systeme entspringenden) homogenen Gleichungssystems sind. Hieraus folgert man leicht die zu beweisende Verkoppelung (Beweis zu Satz 51).

6. Man zeige, daß auch für (lösbare) inhomogene Systeme umgekehrt aus der Äquivalenz die Verkoppelung folgt.

Sind $A\mathfrak{x} \doteq \mathfrak{a}$, $B\mathfrak{x} \doteq \mathfrak{b}$ die beiden Systeme, und ist $\mathfrak{x}_0$ eine spezielle Lösung, so liefert die Substitution $\mathfrak{y} = \mathfrak{x} - \mathfrak{x}_0$ zwei äquivalente homogene Systeme $A\mathfrak{y} \doteq 0$, $B\mathfrak{y} \doteq 0$; diese sind verkoppelt gemäß Aufg. 5, und daraus ergibt sich eine Verkoppelung der beiden ursprünglichen Systeme vermöge derselben verkoppelnden Matrix.

7. Man stelle ein Fundamentallösungssystem für das aus der einen Gleichung

$$x_1 + \cdots + x_n \doteq 0$$

bestehende homogene System nach der Methode des Beweises von Satz 52 (Toeplitzsches Verfahren) auf und entwickle die Beziehung zu dem in § 11, Aufg. 3 angegebenen Fundamentallösungssystem nach dem Muster des Beweises zu Satz 51 (lineare Darstellung beider Systeme durcheinander).

§ 14. Der Fall m = n.

1. Man beweise: A besitzt dann und nur dann eine hintere Reziproke, wenn A regulär ist.

Man wende Satz (46, 48, 49)a an, indem man beachtet: Die Existenz einer hinteren Reziproken zu A ist mit der Lösbarkeit des zu A gehörigen Systems (J.) bei jedem der n Einheitsvektoren $\mathfrak{e}_1, \ldots, \mathfrak{e}_n$ und daher bei jedem beliebigen Vektor $\mathfrak{a}$ rechts, gleichbedeutend.

2. Man beweise: A' ist dann und nur dann regulär, wenn A regulär ist.

Das folgert man sofort aus Satz (52, 53, 54) a.

3. Man beweise: A besitzt dann und nur dann eine vordere Reziproke, wenn A regulär ist.

Das folgert man durch Kombination von Aufg. 1, 2 und § 10, Aufg. 13.

4. Hintere und vordere Reziproke zu A existieren demnach, wenn überhaupt (nämlich wenn A regulär), beide gleichzeitig und sind dann eindeutig bestimmt und einander gleich (§ 10, Aufg. 8). — Man zeige, daß die lösende Matrix A^* zu regulärem A mit der Reziproken A^{-1} übereinstimmt.

Das folgt ohne weiteres durch Umdeutung von Teil a) des Beweises von Satz 55 in den Matrizenkalkül; siehe das in der Erl. zu Aufg. 1 Gesagte.

5. Unter welcher Bedingung für ihre vier Koeffizienten ist die allgemeine zweireihig quadratische Matrix A regulär? Wie lautet dann ihre lösende Matrix?

Die Bedingung lautet: $a_{11}a_{22} - a_{12}a_{21} \neq 0$. Dafür, daß sie hinreichend ist, sowie für die letzte Frage siehe — falls nötig — die auf den Fall $n = 2$ bezüglichen Bemerkungen nach Def. 38 [113]. Daß sie notwendig ist, bestätige man etwa gemäß Satz (52, 53, 54) a, indem man die Relation $a_{11}a_{22} - a_{12}a_{21} = 0$, soweit möglich, als nichtidentisches Erfülltsein entweder von (H.) oder von (H.') deutet; der Fall, wo keins von beiden geht, ist trivial.

§ 15. Die Tragweite der determinantenfreien linearen Algebra.

1. Man führe im Körper aus 0 und e allein (§ 1, Beisp. 4) das Toeplitzsche Verfahren genau nach dem Schema von § 12

in endlich vielen Schritten durch und bestätige dabei insbesondere auch das Erfülltsein der notwendigen Lösbarkeitsbedingung für das Gleichungssystem

$$\begin{aligned}
x_1 + x_2 + x_3 + x_4 + x_5 &\doteq 0\\
x_1 \phantom{{}+x_2} + x_3 + x_4 + x_5 &\doteq 0\\
x_1 + x_2 \phantom{{}+x_3} + x_4 \phantom{{}+x_5} &\doteq e\\
x_2 + x_3 \phantom{{}+x_4} + x_5 &\doteq e.
\end{aligned}$$

Als Multiplikatoren für die lineare Komposition und insbesondere für ev. lineare Abhängigkeiten kommen nur 0 und e in Frage. Man kann für jeden nach dem Schema auszuführenden Schritt schnell alle in Frage kommenden Kombinationen durchprüfen.

2. Läßt man in den Körperaxiomen § 1, (c.) das kommutative Gesetz (2.) der Multiplikation fallen und ergänzt nur dementsprechend die dadurch unsymmetrisch gewordenen Gesetze (5.), (6.), (7.) durch analoge Forderungen bei vertauschter Faktorenfolge, so entsteht der Begriff Schiefkörper. — Man zeige, daß die in §§ 10—14 erhaltenen Resultate über lineare Gleichungssysteme bei richtiger Festlegung der Faktorenfolge auch in einem Schiefkörper K gelten.

Indem man überall auf die Faktorenfolge als wesentlich achtet, stellt man fest: Satz 44 [75] bleibt gültig, wenn man die Multiplikatoren c_i als hintere Faktoren nimmt, entsprechend den ersichtlichen Einschränkungen in Satz 43 [74]. Mit dieser auch weiterhin sinngemäß zu machenden Modifikation bleiben auch Satz 46, 47 [80] gültig. Ferner bleibt Satz 48 [81] gültig, nur muß man in seinen Zusätzen, wie überhaupt fernerhin, (H.') mit umgedrehter Faktorenfolge (also Koeffizienten hinten) verstehen. Mit den angegebenen Modifikationen gelten dann alle in §§ 12—14 hergeleiteten Tatsachen. In Satz 53 [97] ist natürlich, entsprechend der Modifikation bei (H.'), r' als Maximalanzahl linear unabhängiger Spalten bezüglich linearer Komposition mit hinteren Faktoren zu verstehen, während sich r bei den Zeilen auf vordere Multiplikation bezieht.

Auf die Frage des Zusammenhangs zwischen (H.) und dem transponierten Gleichungssystem mit vorne stehenden Koeffizienten, oder also zwischen den Maximalanzahlen linear unabhängiger Zeilen und Spalten beidesmal bezüglich vorderer Multiplikation, erhält man so keine Antwort.

1, IV. Lineare Algebra mit Determinanten.

§ 16. Permutationsgruppen.

1. Es sei $\mathfrak{P}$ irgendeine n-gliedrige Permutationsgruppe, d. h. irgendeine Untergruppe von $\mathfrak{S}_n$. Geht eine Ziffer k aus einer Ziffer i durch eine Permutation aus $\mathfrak{P}$ hervor, so möge k mit i bei $\mathfrak{P}$ verbunden heißen. — Man beweise: Die Verbundenheit ist eine Äquivalenzrelation.

Man bestätigt leicht das Erfülltsein von § 2, (α.), (β.), (γ.) auf Grund der Gruppeneigenschaften von $\mathfrak{P}$.

2. Die Ziffern $1, \ldots, n$ zerfallen also in eine Anzahl r ziffernfremder Klassen (Kombinationen) $\mathfrak{C}_1, \ldots, \mathfrak{C}_r$ derart, daß jeweils alle Ziffern aus einer solchen Kombination untereinander bei $\mathfrak{P}$ verbunden sind, Ziffern aus verschiedenen Kombinationen dagegen nicht. — Man beweise: Jede Permutation P aus $\mathfrak{P}$ stellt sich dar als Produkt von r Permutationen $P_1, \ldots, P_r$ derart, daß bei P_ϱ jeweils nur die Ziffern aus $\mathfrak{C}_\varrho$ unter sich permutiert werden, während die Ziffern aus allen anderen $\mathfrak{C}_{\varrho'}$ in sich übergehen. Die P_ϱ sind untereinander vertauschbar, und es gibt (von der willkürlichen Reihenfolge abgesehen) nur eine Zerlegung der genannten Art.

Das folgt leicht aus der Tatsache

$$\begin{pmatrix} i_1 \ldots i_\nu & i_{\nu+1} \ldots i_n \\ p_{i_1} \ldots p_{i_\nu} & p_{i_{\nu+1}} \ldots p_{i_n} \end{pmatrix}$$
$$= \left(\begin{array}{c|c} i_1 \ldots i_\nu & i_{\nu+1} \ldots i_n \\ p_{i_1} \ldots p_{i_\nu} & i_{\nu+1} \ldots i_n \end{array}\right) \left(\begin{array}{c|c} i_1 \ldots i_\nu & i_{\nu+1} \ldots i_n \\ i_1 \ldots i_\nu & p_{i_{\nu+1}} \ldots p_{i_n} \end{array}\right)$$
$$= \left(\begin{array}{c|c} i_1 \ldots i_\nu & i_{\nu+1} \ldots i_n \\ i_1 \ldots i_\nu & p_{i_{\nu+1}} \ldots p_{i_n} \end{array}\right) \left(\begin{array}{c|c} i_1 \ldots i_\nu & i_{\nu+1} \ldots i_n \\ p_{i_1} \ldots p_{i_\nu} & i_{\nu+1} \ldots i_n \end{array}\right),$$

wo $\mathfrak{C} = (i_1, \ldots, i_\nu)$, $\mathfrak{C}' = (i_{\nu+1}, \ldots, i_n)$ eine Zerlegung von $(1, \ldots, n)$ in zwei ziffernfremde Kombinationen ist, und $P = \begin{pmatrix} i \\ p_i \end{pmatrix}$ $(i = 1, \ldots, n)$ eine Permutation, bei der die Ziffern aus $\mathfrak{C}$ und die aus $\mathfrak{C}'$ je nur untereinander permutiert werden.

3. Man beweise: Durchläuft in Aufg. 2 die Permutation P die Gruppe $\mathfrak{P}$, so durchlaufen die P_ϱ Permutationsgruppen

$\mathfrak{P}_\varrho$, die zu $\mathfrak{P}$ auf Grund der Zuordnungen $P \rightarrow P_\varrho$ homomorph (§ 9, Aufg. 9) sind.

Man bestätigt leicht die Regel: Sind $P_1 \cdots P_r$ und $P'_1 \cdots P'_r$ die Zerlegungen von P und P' im Sinne von Aufg. 2, so ist $(P_1 P'_1) \cdots (P_r P'_r)$ die Zerlegung von PP'.

4. Eine n-gliedrige Permutationsgruppe $\mathfrak{P}$ heißt **transitiv**, wenn die Anzahl r der Kombinationen $\mathfrak{C}_\varrho$ in Aufg. 2 gleich 1 ist, wenn also jede Ziffer i mit jeder Ziffer k bei $\mathfrak{P}$ verbunden ist. Es genügt natürlich bereits (Aufg. 1), wenn jede Ziffer i mit einer festen Ziffer, etwa 1, bei $\mathfrak{P}$ verbunden ist. — Man zeige: Die Permutationsgruppen $\mathfrak{P}_\varrho$ in Aufg. 3 sind transitiv, wenn sie unter Weglassung aller bei ihnen durchweg ungeänderten Ziffern jeweils als Permutationsgruppen der ν_ϱ Ziffern aus $\mathfrak{C}_\varrho$ allein (also als ν_ϱ-gliedrige Permutationsgruppen) aufgefaßt werden. Das letztere bedeutet ja nur einen Isomorphismus.

Die Transitivität der $\mathfrak{P}_\varrho$ ist eine unmittelbare Folge aus der in Aufg. 2 zuerst genannten charakteristischen Eigenschaft der Kombinationen $\mathfrak{P}_\varrho$.

5. Man beweise: Die Ordnung einer n-gliedrigen transitiven Permutationsgruppe $\mathfrak{P}$ ist ein Multiplum von n.

Man weise dazu in $\mathfrak{P}$ eine Untergruppe vom Index n nach, indem man die Gesamtheit $\mathfrak{U}$ derjenigen Permutationen aus $\mathfrak{P}$ betrachtet, die eine feste Ziffer ungeändert lassen, etwa die zur Ziffer 1 gehörige Gesamtheit $\mathfrak{U}_1$.

6. Welches sind die zu der eben betrachteten Untergruppe $\mathfrak{U} = \mathfrak{U}_1$ innerhalb $\mathfrak{P}$ konjugierten Untergruppen?

Durch Transformation mit einer Permutation P_i, die 1 in i überführt, geht $\mathfrak{U}_1$ in die Gesamtheit $\mathfrak{U}_i$ derjenigen Permutationen über, die die Ziffer i ungeändert lassen. Wegen der Transitivität kann dabei i jede der Ziffern $1, \ldots, n$ sein.

7. Man zeige: Daß in einer transitiven n-gliedrigen Permutationsgruppe $\mathfrak{P}$ jede Permutation mindestens eine Ziffer ungeändert läßt, ist nur im trivialen Falle $n = 1$ möglich.

Es müssen dann nämlich die n konjugierten Untergruppen $\mathfrak{U}_i$ zusammengenommen die ganze Gruppe $\mathfrak{P}$ erschöpfen. Sind p, u die Ordnungen von $\mathfrak{P}$, $\mathfrak{U}_i$, so haben die $\mathfrak{U}_i$ zusammen formal $nu = p$

Elemente, also gerade soviel, wie verschiedene darunter sein sollen. Aber die $\mathfrak{U}_i$ haben sämtlich das Einselement gemeinsam. Das ist nur für $n = 1$ kein Widerspruch.

8. Man führe die in Aufg. 2—4 behandelte **Zerlegung in transitive Bestandteile** speziell für diejenige n-gliedrige Permutationsgruppe $\mathfrak{P}$ durch, die aus den Potenzen einer gegebenen n-gliedrigen Permutation P besteht (Periode von P; § 7, Aufg. 7). Wie sehen die Faktoren P_ϱ der Zerlegung $P = P_1 \cdots P_r$ aus?

Es sind zwei Fälle möglich:

a) $\nu_\varrho = 1$, d. h. $\mathfrak{C}_\varrho$ hat nur eine Ziffer. Dann ist $P_\varrho = E$ und kann aus dem Produkt weggelassen werden.

b) $\nu_\varrho > 1$. Dann lassen sich die Ziffern aus $\mathfrak{C}_\varrho$ in eine solche Reihenfolge $i_1, \ldots, i_{\nu_\varrho}$ bringen, daß P_ϱ — nach Weglassung der ungeänderten Ziffern im Sinne der Ausführungen in Aufg. 4 — die Gestalt

$$P_\varrho = \begin{pmatrix} i_1 \, i_2 \ldots i_{\nu_\varrho} \\ i_2 \, i_3 \ldots i_1 \end{pmatrix}$$

hat. Man braucht dazu nur auf eine Ziffer $i = i_1$ aus $\mathfrak{C}_\varrho$ sukzessive die Permutationen $P, P^2, \ldots.$ aus $\mathfrak{P}$ anzuwenden.

9. Eine Permutation der Gestalt

$$P = \begin{pmatrix} i_1 \, i_2 \ldots i_\nu \\ i_2 \, i_3 \ldots i_1 \end{pmatrix}, \quad \text{kurz auch} \quad P = (i_1 \, i_2 \ldots i_\nu),$$

heißt ein **ν-gliedriger Zyklus**. — Man bilde die Potenzen P^0, $P^{\pm 1}, P^{\pm 2}, \ldots$ von P. Welche Ordnung (§ 8, Aufg. 5) hat P?

Die positiven (negativen) Potenzen ergeben sich durch „zyklische" Verschiebung der unteren Zeile $i_1 \ldots i_\nu$ von $P^0 = E = \begin{pmatrix} i_1 \ldots i_\nu \\ i_1 \ldots i_\nu \end{pmatrix}$ nach links (rechts) um soviel Einheiten, wie der Exponent angibt.

10. Gemäß Aufg. 2, 8, 9 besitzt jede Permutation P eine eindeutig bestimmte **Zerlegung in ziffernfremde Zyklen**. — Man führe diese Zerlegung für die Permutationen aus $\mathfrak{S}_2, \mathfrak{S}_3, \mathfrak{S}_4$ durch.

Etwa $\begin{pmatrix} 1234 \\ 4213 \end{pmatrix} = (143)$, $\begin{pmatrix} 1234 \\ 3412 \end{pmatrix} = (13)(24)$.

11. Man beweise: Zwei n-gliedrige Permutationen P, R sind dann und nur dann innerhalb der Gruppe $\mathfrak{S}_n$ konjugiert,

wenn das System der Gliederanzahlen ν_ϱ der Zyklenzerlegung für beide (bei geeigneter Anordnung der Zyklen) dasselbe ist. Die Systeme von Gliederanzahlen ν_ϱ bestimmen also gerade die Klassen konjugierter Elemente in $\mathfrak{S}_n$.

Man denkt sich dabei zweckmäßig auch die ungeändert bleibenden Ziffern i als eingliedrige Zyklen (i) (Anzahl $\nu_\varrho = 1$) mitgeführt, so daß stets $\sum_{\varrho=1}^{r} \nu_\varrho = n$ ist. Die Behauptung ergibt sich dann mittels der Transformationsformel aus dem Beweis von Satz 62, wonach die Transformation mit $Q = \binom{i}{q_i}$ von $R = \binom{i}{r_i}$ ausgehend zu $P = Q^{-1}RQ = \binom{q_i}{q_{r_i}}$ führt, also einfach dadurch ausgeführt werden kann, daß man von der ursprünglichen Ziffernfolge $1, \ldots, n$ zur neuen Ziffernfolge $q_1, \ldots, q_n$ als zu permutierenden Dingen übergeht. Schreibt man die Ziffernfolgen, wie sie in den (richtig geordneten) Zyklenzerlegungen von R und P auftreten, in zwei Zeilen untereinander, und faßt das als Symbol einer Permutation Q auf, so gilt $Q^{-1}RQ = P$; Beispiel: $R = (123)(4)$, $P = (142)(3)$, $Q = \binom{1234}{1423}$.

12. Wie groß ist demnach die Anzahl der verschiedenen Klassen konjugierter Elemente in $\mathfrak{S}_n$?

Gleich der Anzahl der verschiedenenen Möglichkeiten, die Zahl n aus einer beliebigen Anzahl r von ganzen positiven Summanden ν_ϱ (ohne Rücksicht auf deren Reihenfolge) zusammenzusetzen. Wenn man die Anzahl der Summanden $\nu_\varrho = 1, 2, \ldots, n$ je mit $r_1, r_2, \ldots, r_n$ bezeichnet, ist das auch gleich der Anzahl der Lösungen von

$$1\,r_1 + 2\,r_2 + \cdots + nr_n = n$$

in ganzen nicht-negativen $r_1, r_2, \ldots, r_n$.

13. Wie groß ist die Anzahl der Elemente in der durch die Gliederanzahlen ν_ϱ oder besser durch die eben definierten Anzahlen $r_1, \ldots, r_n$ festgelegten Klasse konjugierter Elemente von $\mathfrak{S}_n$?

Man stelle sich eine Folge von leeren Klammern vor, und zwar r_1 1-gliedrige, …, r_n n-gliedrige. Man hat $n!$ Möglichkeiten, die Ziffern $1, \ldots, n$ auf die n leeren Plätze zu verteilen. Faßt man das dann jedesmal als Zyklenzerlegung einer Permutation P aus $\mathfrak{S}_n$ auf, so werden immer ganze Serien von Verteilungen zur gleichen

Permutation P führen, nämlich: a) entsprechend den je ν zyklischen Vertauschungen innerhalb einer einzelnen ν-gliedrigen Klammer, b) entsprechend den je $r_\nu!$ Vertauschungen der Verteilungen bei den r_ν Klammern gleicher Gliederanzahl ν untereinander. Man findet so als gesuchte Anzahl:

$$\frac{n!}{1^{r_1}\cdots n^{r_n}\, r_1!\cdots r_n!}.$$

14. Man beweise: Jede Permutation läßt sich in (nicht notwendig ziffernfremde) zweigliedrige Zyklen (Transpositionen) zerlegen. Eine solche Zerlegung ist auf mannigfache Arten möglich.

Stellt man sich das Permutieren anschaulich durch Bewegung von in einer Reihe gelegenen Dingen vor, so besteht es in sukzessivem Platzwechsel benachbarter Dinge.

15. Man gebe eine Transpositionszerlegung für den Zyklus $(12\ldots\nu)$ an.

Der Vorstellung des Vorbeiziehens von 1 an $2,\ldots,\nu$ entsprechend erhält man z. B. die Zerlegung

$$(12\ldots\nu) = (12)(13)\ldots(1\nu).$$

Man bilde eine andere Zerlegung.

16. Man beweise: Gerade Permutationen lassen sich nur aus einer geraden Anzahl von Transpositionen zusammensetzen, ungerade Permutationen nur aus einer ungeraden Anzahl.

Nach Satz 60 genügt es, für jede Transposition $T = (ik)$ die Relation $\operatorname{sgn} T = -1$ festzustellen. Das geschieht leicht auf Grund von Def. 37.

17. Welchen Wert hat sgn P für einen ν-gliedrigen Zyklus P?

Das entnimmt man leicht aus Aufg. 15, 16.

18. Man gebe aus jeder Klasse konjugierter Elemente von $\mathfrak{S}_3, \mathfrak{S}_4, \mathfrak{S}_5$ eine Permutation in Zyklenzerlegung und die Anzahl der in der Klasse enthaltenen Elemente an. Welche Klassen gehören zum Normalteiler $\mathfrak{A}_3, \mathfrak{A}_4, \mathfrak{A}_5$?

Man wende Aufg. 11, 13, 17 an.

19. Eine zu $\mathfrak{A}_n$ gehörige Klasse konjugierter Elemente aus $\mathfrak{S}_n$ ist auch eine Klasse konjugierter Elemente in $\mathfrak{A}_n$, wenn

in der Zyklenzerlegung ihrer Elemente ein Zyklus gerader Gliederzahl oder zwei Zyklen gleicher ungerader Gliederzahlen (die auch gleich 1 sein dürfen) auftreten. Sind jedoch diese Gliederzahlen lauter verschiedene ungerade Zahlen, so ist die Klasse konjugierter Elemente aus $\mathfrak{S}_n$ aus zwei solchen Klassen aus $\mathfrak{A}_n$ zusammengesetzt.

Enthält nämlich die Zyklenzerlegung einer Permutation P einen Zyklus gerader Gliederzahl, so ist sie mit diesem Zyklus, der eine ungerade Permutation ist (vgl. Aufg. 15), vertauschbar, und man kann daher diesen Zyklus einem ungeraden Transformator Q in $Q^{-1}PQ = P'$ vorfügen und ihn dadurch gerade machen. Enthält ferner die Zerlegung von P zwei verschiedene Zyklen gleicher ungerader Gliederzahl, etwa $(1, \ldots, k)$, $(k+1, \ldots, 2k)$, so ist P mit der ungeraden Permutation $(1, k+1) \ldots (k, 2k)$ vertauschbar, und man kann ebenso verfahren. Sind aber die Gliederzahlen der Zyklen von P lauter verschiedene ungerade Zahlen, so zeigt man leicht, daß P nur mit geraden Permutationen vertauschbar ist. Bedenkt man, daß aus $Q^{-1}PQ = R^{-1}PR$ folgt $P(QR^{-1}) = (QR^{-1})P$, so ergibt sich hieraus sofort die Behauptung.

20. Eine homomorphe Abbildung (§ 9, Aufg. 9) einer beliebigen Gruppe $\mathfrak{G}$ auf eine n-gliedrige Permutationsgruppe $\mathfrak{P}$ heißt eine **Darstellung** von $\mathfrak{G}$ durch n-gliedrige Permutationen. Nach Aufg. 2—4 darf dabei ohne Einschränkung $\mathfrak{P}$ als transitiv angenommen werden (im allgemeinen reduziert sich die Darstellung auf eine Anzahl transitiver Bestandteile). — Man beweise: Ist $\mathfrak{H}$ eine Untergruppe von $\mathfrak{G}$ vom Index n, so erfahren die n vorderen Restklassen $\mathfrak{R} = \mathfrak{H}R$ von $\mathfrak{G}$ nach $\mathfrak{H}$ bei hinterer Multiplikation mit den Elementen S aus $\mathfrak{G}$ Permutationen:

$$P_S = \begin{pmatrix} \mathfrak{R} \\ \mathfrak{R}S \end{pmatrix} \quad (\mathfrak{R} \text{ durchläuft die vorderen Restklassen von } \mathfrak{G} \text{ nach } \mathfrak{H}).$$

Diese P_S bilden eine transitive Darstellung von $\mathfrak{G}$ durch n-gliedrige Permutationen.

Man hat zu bestätigen:

a) Die aus einer vorderen Restklasse $\mathfrak{R}$ entstehenden Mengen $\mathfrak{R}S$ sind wieder vordere Restklassen von $\mathfrak{G}$ nach $\mathfrak{H}$.

b) Verschiedenen Restklassen $\mathfrak{R}$, $\mathfrak{R}'$ entsprechen verschiedene Restklassen $\mathfrak{R}S$, $\mathfrak{R}'S$.

c) Der Nacheinanderausführung der Multiplikationen mit S, S' entspricht die Nacheinanderausführung der Permutationen P_S, $P_{S'}$.

d) Jede Restklasse $\mathfrak{R}$ geht in jede andere $\mathfrak{R}'$ durch hintere Multiplikation mit einem geeigneten S aus $\mathfrak{G}$ über.

21. Wie sieht die eben behandelte Permutationsdarstellung $\mathfrak{P}$ im Spezialfall $\mathfrak{H} = \mathfrak{E}$ (also $\mathfrak{G}$ Gruppe der Ordnung n) aus (reguläre Darstellung von $\mathfrak{G}$)?

Die Permutation P_S kommt zustande, indem man die n Elemente A von $\mathfrak{G}$ selbst als zu permutierende Dinge nimmt und sie hinten mit S multipliziert:

$$P_S = \begin{pmatrix} A \\ AS \end{pmatrix} \quad (A \text{ durchläuft die Elemente von } \mathfrak{G}).$$

22. Man beweise in Umkehrung zu Aufg. 20: Jede Darstellung von $\mathfrak{G}$ als transitive n-gliedrige Permutationsgruppe $\mathfrak{P}$ entspringt aus einer Untergruppe $\mathfrak{H}$ von $\mathfrak{G}$ als Gruppe der Permutationen der vorderen Restklassen von $\mathfrak{G}$ nach $\mathfrak{H}$ bei hinterer Multiplikation mit den Elementen von $\mathfrak{G}$.

Man betrachte dazu die in Aufg. 5 definierte Untergruppe $\mathfrak{U} = \mathfrak{U}_1$ von $\mathfrak{P}$ und nehme $\mathfrak{H} = \mathfrak{H}_1$ als die Gesamtheit derjenigen Elemente aus $\mathfrak{G}$, die bei dem zugrunde liegenden Homomorphismus von $\mathfrak{G}$ auf $\mathfrak{P}$ in die Untergruppe $\mathfrak{U}$ von $\mathfrak{P}$ abgebildet werden, also schematisch:

$$\begin{aligned} \mathfrak{G} &\to \mathfrak{P}, \\ \mathfrak{H} &\to \mathfrak{U}. \end{aligned}$$

Man hat dann zu bestätigen:

a) $\mathfrak{H}$ ist Untergruppe von $\mathfrak{G}$ vom Index n.

b) Die n vorderen Restklassen $\mathfrak{R}_i$ von $\mathfrak{G}$ nach $\mathfrak{H}$ werden bei dem Homomorphismus abgebildet in die n vorderen Restklassen $\overline{\mathfrak{R}}_i$ von $\mathfrak{P}$ nach $\mathfrak{U}$, d. h. die Permutationsgesamtheiten aus $\mathfrak{P}$, die die Ziffer 1 jeweils in eine feste Ziffer i überführen.

c) Ist

$$P_S = \begin{pmatrix} i \\ p_i \end{pmatrix} \quad (i = 1, \ldots, n)$$

die einem S aus $\mathfrak{G}$ bei dem Homomorphismus zugeordnete Permutation aus $\mathfrak{P}$, so erfahren die $\overline{\mathfrak{R}}_i$ bei hinterer Multiplikation mit P_S die Permutation

$$\begin{pmatrix} \overline{\mathfrak{R}}_i \\ \overline{\mathfrak{R}}_i P_S \end{pmatrix} = \begin{pmatrix} \overline{\mathfrak{R}}_i \\ \overline{\mathfrak{R}}_{p_i} \end{pmatrix} \quad (i = 1, \ldots, n),$$

d. h. die Indizes i der $\overline{\mathfrak{R}}_i$ erfahren gerade die Permutation P_S. Das gleiche gilt dann auch für die Indizes i der $\mathfrak{R}_i$.

23. Es sei $\mathfrak{N}$ der durch die homomorphe Abbildung von $\mathfrak{G}$ auf $\mathfrak{P}$ festgelegte Normalteiler von $\mathfrak{G}$ (§ 9, Aufg. 9), derart also, daß diese Abbildung ein Isomorphismus zwischen $\mathfrak{G}/\mathfrak{N}$ und $\mathfrak{P}$ ist. — Man beweise: $\mathfrak{N}$ ist der Durchschnitt des Systems $\mathfrak{H}_i$ der zu $\mathfrak{H}$ konjugierten Untergruppen von $\mathfrak{G}$.

$\mathfrak{N}$ ist die Gesamtheit der Elemente von $\mathfrak{G}$, denen bei dem zugrunde liegenden Homomorphismus das Einselement von $\mathfrak{P}$ zugeordnet ist (§ 9, Aufg. 9), $\mathfrak{H}_i$ ist die Gesamtheit der Elemente von $\mathfrak{G}$, denen Elemente aus $\mathfrak{U}_i$ zugeordnet sind (Aufg. 6). Der Durchschnitt der $\mathfrak{U}_i$ ist das Einselement.

24. Es sei Φ eine geometrische Figur, $\mathfrak{G}$ die Gruppe der Deckbewegungen von Φ (§ 6, Aufg. 1), Ψ eine Teilfigur von Φ (§ 9, Aufg. 1) und $\Psi_i (i = 1, \ldots, n)$ das System der verschiedenen Teilfiguren von Φ, die durch die Deckbewegungen von Φ aus Ψ hervorgehen. — Man zeige, daß die Ψ_i bei den Deckbewegungen von Φ eine transitive n-gliedrige Permutationsdarstellung $\mathfrak{P}$ von $\mathfrak{G}$ vermitteln.

Man bestätigt leicht:

a) Jede Deckbewegung S von Φ bewirkt eine Permutation P_S der Ψ_i.

b) Der Nacheinanderausführung zweier Deckbewegungen S, S' entspricht die Nacheinanderausführung der Permutationen $P_S, P_{S'}$.

c) Jede Teilfigur Ψ_i geht in jede andere Ψ_j durch eine geeignete Deckbewegung S von Φ über.

25. Wie läßt sich die Erzeugung der eben behandelten Permutationsdarstellung $\mathfrak{P}$ durch eine Untergruppe $\mathfrak{H}$ von $\mathfrak{G}$ (Aufg. 22) von der Figur Φ und der Teilfigur Ψ aus charakterisieren?

Siehe Aufg. 23 und § 9, Aufg. 1, c), e).

26. Wann ist $\mathfrak{P}$ nicht nur homomorph sondern sogar isomorph?

Dann und nur dann, wenn der in Aufg. 23 genannte Normalteiler $\mathfrak{N} = \mathfrak{E}$ ist; nach Aufg. 25 und § 9, Aufg. 1 also dann und nur dann, wenn allein die identische Permutation Deckbewegung für alle Teilfiguren Ψ_i gleichzeitig ist.

27. Man wende die Ergebnisse der Aufg. 24—26 auf das reguläre n-Eck, n-eckige Dieder, Tetraeder, Oktaeder, Ikosaeder als Figur Φ und eine Ecke, Fläche, Kante selbst oder eine Achse durch eine Ecke, Flächenmitte, Kantenmitte als Teilfigur Ψ an und zähle die so resultierenden transitiven Permutationsdarstellungen der Gruppen $\mathfrak{Z}_n$, $\mathfrak{D}_n$, $\mathfrak{T}$ (§ 6, Aufg. 2), $\mathfrak{O}$, $\mathfrak{J}$ (§ 9, Aufg. 4) nach ihrer Gliederzahl und dem zugehörigen Normalteiler $\mathfrak{N}$ im Sinne von Aufg. 23 auf. Insbesondere beweise man so:

$\mathfrak{Z}_3 \cong \mathfrak{A}_3$, $\mathfrak{D}_3 \cong \mathfrak{S}_3$ (siehe schon die Ausführungen im Anschluß an Def. 36),

$\mathfrak{T} \cong \mathfrak{A}_4$, $\mathfrak{O} \cong \mathfrak{S}_4$.

28. Man beweise vermöge einer geeigneten Teilfigur des Ikosaeders ähnlich: $\mathfrak{J} \cong \mathfrak{A}_5$.

Als Teilfigur kann ein System dreier zueinander senkrechter Kantenmittenachsen genommen werden.

29. Man identifiziere die Einteilung in Klassen konjugierter Elemente von $\mathfrak{D}_3$, $\mathfrak{T}$, $\mathfrak{O}$, $\mathfrak{J}$, wie sie sich aus Aufg. 18, 19, 27, 28 ergibt, mit der direkten Herleitung in § 9, Aufg. 3, 5.

§ 17. Determinanten.

1. Man berechne nach der im Anschluß an Def. 38 gegebenen Bildungsregel die folgenden 3-reihigen Determinanten:

$$\begin{vmatrix} 1 & 2 & 3 \\ 4 & 5 & 6 \\ 7 & 8 & 9 \end{vmatrix}, \quad \begin{vmatrix} 3 & -1 & -1 \\ -1 & 4 & -2 \\ -2 & -2 & 5 \end{vmatrix}, \quad \begin{vmatrix} 1 & 2 & 3 \\ 8 & 0 & 4 \\ 7 & 6 & 5 \end{vmatrix}, \quad \begin{vmatrix} a & 0 & b \\ 0 & t & 0 \\ c & 0 & d \end{vmatrix}.$$

2. Man schreibe den Ausdruck für die Determinante der allgemeinen 4-reihig quadratischen Matrix $A = (a_{ik})$ hin.

Die Permutationsvorzeichen kann man entweder direkt nach Def. 37 [109] bilden oder auch durch Zyklenzerlegung gemäß § 16, Aufg. 16, 17.

3. Man berechne mit der erhaltenen allgemeinen Formel die folgenden speziellen 4-reihigen Determinanten:

$$\begin{vmatrix} 1 & -2 & 1 & 0 \\ 0 & 3 & -2 & -1 \\ 4 & -1 & 0 & -3 \\ 1 & 2 & -6 & 3 \end{vmatrix}, \qquad \begin{vmatrix} a & 0 & b & 0 \\ 0 & t & 0 & u \\ c & 0 & d & 0 \\ 0 & v & 0 & w \end{vmatrix}.$$

Diese unbeholfene direkte Berechnung soll die Überlegenheit der späteren Methoden (§§ 18, 19) hervortreten lassen.

4. Man berechne die folgenden Determinanten:

$$\begin{vmatrix} a_{11} & 0 & \cdots & 0 \\ a_{21} & \ddots & \ddots & \vdots \\ \vdots & \ddots & \ddots & 0 \\ a_{n1} & \cdots & a_{n,n-1} & a_{nn} \end{vmatrix}, \qquad \begin{vmatrix} a_{11} & a_{12} & \cdots & a_{1n} \\ 0 & \ddots & \ddots & \vdots \\ \vdots & \ddots & \ddots & a_{n-1,n} \\ 0 & \cdots & 0 & a_{nn} \end{vmatrix},$$

$$\begin{vmatrix} a_{11} & \cdots & a_{1,n-1} & a_{1n} \\ \vdots & & \unicode{x22F0} & 0 \\ \vdots & \unicode{x22F0} & \unicode{x22F0} & \vdots \\ a_{n-1,1} & \unicode{x22F0} & & \vdots \\ a_{n1} & 0 & \cdots & 0 \end{vmatrix}, \qquad \begin{vmatrix} 0 & \cdots & 0 & a_{1n} \\ \vdots & & \unicode{x22F0} & a_{2n} \\ \vdots & \unicode{x22F0} & \unicode{x22F0} & \vdots \\ 0 & \unicode{x22F0} & & \vdots \\ a_{n1} & a_{n2} & \cdots & a_{nn} \end{vmatrix}.$$

Für die erste Determinante wende man direkt Def. 38 an und beachte, daß in einer Permutation $P = \begin{pmatrix} i \\ p_i \end{pmatrix} \neq E$ für mindestens ein i gelten muß $p_i > i$. Die weiteren Determinanten ergeben sich dann mittels Satz 64, 65; oder man kann sie auch in derselben Weise wie die erste direkt berechnen.

5. Jeder Permutation $P = \begin{pmatrix} i \\ p_i \end{pmatrix}$ $(i = 1, \ldots, n)$ entspricht eine Matrix A_P, nämlich die Koeffizientenmatrix der n Linearformen x_{p_i} (vgl. § 12, Aufg. 3). — Welchen Wert hat $|A_P|$?

Man entnimmt den Wert unmittelbar aus Satz 65.

6. Welchen Wert hat allgemeiner die Determinante der Koeffizientenmatrix der n Linearformen $a_i x_{p_i}$?

Auch das kann man leicht aus Satz 65 und der im Anschluß an Def. 38 gegebenen speziellen solchen Determinante entnehmen.

7. Es sei x_{ik} $(i, k = 1, \ldots, n)$ ein System von n^2 Unbestimmten über K. Man beweise, daß die Determinante $|x_{ik}| \neq 0$ ist.

Man mache sich klar, daß die Definitionsformel (Def. 38) der Determinante $|x_{ik}|$ gleichzeitig deren Normaldarstellung (Def. 9 [38]) als Element von $K[x_{11}, x_{12}, \ldots, x_{nn}]$ ist. Auf Grund des Einsetzungsprinzips genügt es auch, auf die Existenz von n-reihig quadratischen Matrizen A mit $|A| \neq 0$ hinzuweisen, z. B. $A = E$.

§ 18. Unterdeterminanten und Adjunkten. Der Laplacesche Entwicklungssatz.

1. Wie lautet die Zerlegung in transitive Bestandteile (§ 16, Aufg. 2—4) für die dem Beweis von Satz 66 zugrunde liegende Permutationsgruppe $\mathfrak{C}_{\{i_1, \ldots, i_\nu\}}$?

Es sind zwei transitive Bestandteile vorhanden, entsprechend der Zurückführung von $C_{R,S}$ auf R und S. Diese sind zu $\mathfrak{S}_\nu$ und $\mathfrak{S}_{n-\nu}$ isomorph.

2. Man berechne durch Entwicklung nach den Elementen einer Zeile oder Spalte die in § 17, Aufg. 1—3 genannten Determinanten.

Man sucht sich dazu zweckmäßig eine Zeile oder Spalte aus, die möglichst viele Nullen enthält. Für die 4-reihigen Matrizen in Aufg. 2, 3 mag man die nötigen Unterdeterminanten 3-ten Grades auf entsprechende Weise berechnen.

3. Man beweise durch vollständige Induktion die in § 17, Aufg. 4 festgestellten Formeln.

Dazu benutze man die Entwicklung nach einer Reihe mit $n - 1$ Nullen.

4. Man berechne die in § 17, Aufg. 2, 3 genannten Determinanten durch Entwicklung nach den Unterdeterminanten eines Zeilen- oder Spaltenpaares.

Von den 6 Adjunkten eines Reihenpaares haben 4 das eine 2 das andere Vorzeichen (nicht etwa 3 das eine, 3 das andere!)

5. Im Anschluß an die letzten Determinanten in § 17, Aufg. 1, 3 berechne man allgemein die Determinante einer schachbrettartig besetzten quadratischen Matrix:

$$M = \begin{pmatrix} a_{11} & 0 & a_{12} & 0 & \cdot \\ 0 & b_{11} & 0 & b_{12} & \cdot \\ a_{21} & 0 & a_{22} & 0 & \cdot \\ 0 & b_{21} & 0 & b_{22} & \cdot \\ \cdot & \cdot & \cdot & \cdot & \cdot \end{pmatrix}.$$

Durch Zeilen- und Spaltenumordnung kann man M in $M_0 = \begin{pmatrix} A & 0 \\ 0 & B \end{pmatrix}$ überführen, wo $A = (a_{ik})$ und $B = (b_{ik})$; ist die Reihenzahl von M gerade, gleich $2n$, so sind A und B beide n-reihig; ist die Reihenzahl von M ungerade, gleich $2n - 1$, so ist A n-reihig, B $(n-1)$-reihig. Die Determinante von M_0 kann ohne weiteres aus dem Laplaceschen Entwicklungssatz abgelesen werden [Entwicklung nach den ersten Zeilen oder Spalten[1]]. Man kann auch ohne vorherige Zeilen- und Spaltenumordnungen von vornherein nach dem mit Elementen a_{ik} besetzten Zeilen- oder Spaltensystem entwickeln.

6. Man berechne die Determinante

$$\begin{vmatrix} A_{11} & A_{12} & \cdots & A_{1r} \\ 0 & \ddots & \ddots & \vdots \\ \vdots & & \ddots & A_{r-1,r} \\ 0 & \cdots & 0 & A_{rr} \end{vmatrix},$$

wobei die $A_{\iota\varkappa}$ und 0 Teilmatrizen im Sinne einer Einteilung der in § 10, Aufg. 14 beschriebenen Art bedeuten.

Man wende am einfachsten vollständige Induktion nach r an (vgl. Aufg. 3) und entwickle etwa nach dem Zeilensystem von A_{rr}.

7. Es sei $A = (a_{ik})$ eine n-reihig quadratische Matrix, $\mathsf{A} = (\alpha_{ik})$ ihre adjungierte Matrix, und $\mathfrak{u} = (u_i)$ eine n-gliedrige Spalte, $\mathfrak{v} = (v_k)$ eine n-gliedrige Zeile. Man beweise die Relation

$$\begin{vmatrix} A & \mathfrak{u} \\ \mathfrak{v} & 0 \end{vmatrix} = -\sum_{i,k=1}^{n} \alpha_{ik} u_i v_k .$$

Man entwickle die $(n+1)$-reihige Determinante zunächst nach ihrer letzten Zeile und dann die in dieser Entwicklung auftretenden n-reihigen Determinanten nach ihrer letzten Spalte.

---

[1]) Siehe dazu auch noch den späteren Satz 69 [128].

§ 19. Weitere Determinantensätze.

1. Man berechne die numerischen Determinanten in § 17, Aufg. 1, 3, indem man zunächst durch Zeilen- (Spalten-) kombination gemäß dem Zusatz zu Satz 71 alle Elemente einer Spalte (Zeile) bis auf eines zu 0 macht und dann nach dieser Spalte (Zeile) entwickelt.

Wieder wird man sich zur Entwicklung zweckmäßig eine solche Reihe aussuchen, in der schon möglichst viele Elemente 0 sind. Z. B. in der ersten Determinante von § 17, Aufg. 1 wird man etwa die mit 2 multiplizierte erste Spalte von der zweiten und die mit 3 multiplizierte erste Spalte von der dritten subtrahieren und dann nach der ersten Zeile entwickeln.

2. Man berechne in derselben Weise die 5-reihige Determinante

$$\begin{vmatrix} 1 & 2 & 3 & 4 & 5 \\ 2 & 3 & 4 & 5 & 1 \\ 3 & 4 & 5 & 1 & 2 \\ 4 & 5 & 1 & 2 & 3 \\ 5 & 1 & 2 & 3 & 4 \end{vmatrix}.$$

Man mache etwa zuerst alle Elemente der ersten Spalte bis auf das erste zu 0 und verfahre dann ebenso mit der dann verbleibenden 4-reihigen Determinante (in der man nach der Bemerkung hinter Satz 68 alle Minuszeichen weglassen kann).

3. Daß die erste Determinante in § 17, Aufg. 3 den Wert 0 hat, kann man auch leicht mittels Satz 71 einsehen.

Die Spaltensumme ist 0.

4. Man berechne die Vandermondesche Determinante der Elemente $a_1, \ldots, a_n$:

$$V(a_1, \ldots, a_n) = |\, a_i^{n-k} \,| \quad (i, k = 1, \ldots, n).$$

Man substrahiere der Reihe nach die mit a_n multiplizierte zweite Spalte von der ersten, ..., die mit a_n multiplizierte n-te Spalte von der $(n-1)$-ten und entwickle dann nach der n-ten Zeile. Dadurch reduziert sich die Berechnung von $V(a_1, \ldots, a_n)$ auf die von $V(a_1, \ldots, a_{n-1})$. — Resultat: $V(a_1, \ldots, a_n) = \prod\limits_{i<j} (a_i - a_j)$. — Man berechne damit auch $|\, a_i^{k-1} \,|$ (Spaltenpermutation!).

5. Eine quadratische Matrix $A = (a_{ik})$ heißt **symmetrisch**, wenn $A' = A$ (d. h. $a_{ki} = a_{ik}$), **schiefsymmetrisch**, wenn $A' = -A$ (d. h. $a_{ki} = -a_{ik}$) ist. — Man beweise:

a) Ist A schiefsymmetrisch von ungerader Reihenzahl n und hat K die Eigenschaft $2e \neq 0$, so ist $|A| = 0$[1]).

b) Es gibt für jede gerade Reihenzahl n schiefsymmetrische A mit $|A| \neq 0$[2]).

c) Ist A symmetrisch, so sind auch alle abgeleiteten $A^{(\nu)}$ und adjungierten $\mathsf{A}^{(\nu)}$ symmetrisch; ist dagegen A schiefsymmetrisch, so sind die $A^{(\nu)}$ und $\mathsf{A}^{(\nu)}$ geraden Grades symmetrisch, die ungeraden Grades schiefsymmetrisch.

Zu a) Man wende Satz 64 [115] und die Bemerkung hinter Satz 68 an.

Zu b) Es genügt, etwa

$$A = \begin{pmatrix} A_0 & 0 & \cdots & \cdots & 0 \\ 0 & \ddots & & & \vdots \\ \vdots & & \ddots & & \vdots \\ \vdots & & & \ddots & 0 \\ 0 & \cdots & \cdots & 0 & A_0 \end{pmatrix} \quad \text{mit} \quad A_0 = \begin{pmatrix} 0 & e \\ -e & 0 \end{pmatrix}$$

zu nehmen (§ 18, Aufg. 6).

Zu c) Das ist unmittelbar klar auf Grund der gegebenen Definitionen.

6. Es sei A eine n-reihig quadratische Matrix und x eine Unbestimmte. Die ganze rationale Funktion $|xE - A|$ heißt das **charakteristische Polynom** von A. Unter einer **Hauptunterdeterminante** ν-ten Grades von A versteht man eine Unterdeterminante der Art $a_{\{i_1, \ldots, i_\nu\}, \{i_1, \ldots, i_\nu\}}$, die also mit einer und derselben Zeilen- und Spaltenkombination $\{i_1, \ldots, i_\nu\}$ gebildet ist. — Man beweise: Der Koef-

[1]) Für K mit der Eigenschaft $2e \neq 0$, also allgemeiner $2a = (2e)\, a \neq 0$ für $a \neq 0$, sind die $a_{ii} = 0$, während für K mit der Eigenschaft $2e = 0$ die a_{ii} beliebige Elemente aus K sein können und kein Unterschied zwischen Symmetrie und Schiefsymmetrie besteht. Vergl. die Ausführungen hinter Satz 70. Für K mit der Eigenschaft $2e = 0$ siehe die spätere Aufg. 12 zu 2, § 4.

[2]) Für gerades n siehe auch die spätere Aufg. 6 zu § 21.

fizient von $(-1)^{\nu} x^{n-\nu}$ im charakteristischen Polynom von A ist gleich der Summe aller Hauptunterdeterminanten ν-ten Grades von A.

Entsprechend der Zerlegung der Zeilen von $xE - A$ in je zwei Summanden, $x\mathfrak{e}_i$ und $-\mathfrak{a}_i$, zerlege man $|xE - A|$ gemäß Satz 68 additiv in 2^n Determinanten. Jede solche Determinante ist durch die Kombination $\{i_1, \ldots, i_\nu\}$ derjenigen Zeilen gekennzeichnet, von denen der Summand $-\mathfrak{a}_i$ genommen ist, während von den Zeilen der komplementären Kombination $\{i_{\nu+1}, \ldots, i_n\}$ der Summand $x\mathfrak{e}_i$ genommen ist. Entwickelt man dann eine solche Determinante nach dem Zeilensystem $\{i_{\nu+1}, \ldots, i_n\}$, so erhält man für sie den Wert

$$x^{n-\nu}(-1)^{\nu} a_{\{i_1, \ldots, i_\nu\}, \{i_1, \ldots, i_\nu\}}.$$

7. Es seien A und B n-reihig quadratische Matrizen. Man berechne die Determinante

$$\begin{vmatrix} 0 & A \\ B & -E \end{vmatrix}$$

auf zwei Arten, erstens analog zu § 18, Aufg. 6 (siehe auch § 17, Aufg. 4) und zweitens, indem man durch Spaltenkombination (Satz 71, Zusatz) 0 an die Stelle von B bringt — an der Stelle von 0 bildet sich dann das Matrizenprodukt AB — und dann wieder § 18, Aufg. 6 anwendet.

8. Man beweise die eben erhaltene Determinantenformel $|AB| = |A|\,|B|$ für das Matrizenprodukt direkt, durch Gliedervergleich auf beiden Seiten.

Man stelle, ähnlich wie in Aufg. 6, die Determinante $|AB| = \left|\sum_{l=1}^{n} a_{il} b_{lk}\right|$ gemäß Satz 68 als Summe von n^n Determinanten dar, entsprechend der linearen Komposition $\sum_{l=1}^{n} a_{il} \mathfrak{b}_l$ ihrer i-ten Zeile aus den n-Zeilen $\mathfrak{b}_l$ von B. Eine solche Determinante ist durch das Indexsystem $l_1 \ldots, l_n$ der in den einzelnen linearen Zeilenkomposita ausgewählten Summanden charakterisiert. Sie spaltet den Faktor $a_{1l_1} \ldots a_{nl_n}$ ab. Der komplementäre Faktor ist die Determinante der Matrix aus den Zeilen $\mathfrak{b}_{l_1}, \ldots, \mathfrak{b}_{l_n}$ (in dieser Reihenfolge). Dieser komplementäre Faktor ist 0, außer wenn

$l_1, \ldots, l_n$ untereinander verschieden sind, d. h. durch eine Permutation L aus $1, \ldots, n$ entstehen; im letzteren Falle hat er nach Satz 65 [116] den Wert $\operatorname{sgn} L \mid B \mid$, so daß der volle Determinantensummand den Wert $\operatorname{sgn} L\, a_{1l_1} \cdots a_{nl_n} \mid B \mid$ hat. Die Zusammensetzung der Determinantensummanden ergibt jetzt die Behauptung nach Def. 38 [113].

9. Man beweise entsprechend durch Gliedervergleich die allgemeinere Tatsache: Ist A eine (n, m)-reihige und B eine (m, n)-reihige Matrix und $m > n$, so ist die Determinante der n-reihig quadratischen Matrix AB gleich dem inneren Produkt aus dem Vektor der sämtlichen $\binom{m}{n}$ Unterdeterminanten[1]) n-ten Grades $a_{\{k_1, \ldots, k_n\}}$ von A und dem Vektor der sämtlichen $\binom{m}{n}$ Unterdeterminanten n-ten Grades $b_{\{i_1, \ldots, i_n\}}$ von B in entsprechender Anordnung, also:

$$|AB| = \sum_{\{l_1, \ldots, l_n\}} a_{\{l_1, \ldots, l_n\}} b_{\{l_1, \ldots, l_n\}},$$

wo $\{l_1, \ldots, l_n\}$ alle $\binom{m}{n}$ Kombinationen n-ter Ordnung der Ziffern $1, \ldots, m$ durchläuft.

In der Bezeichnung der vorigen Erläuterung bleiben wieder nur diejenigen Determinantensummanden übrig, bei denen $l_1, \ldots, l_n$ untereinander verschieden sind, d. h. die Kombinationen n-ter Ordnung $\{l_1, \ldots, l_n\}$ aus $1, \ldots, m$ entsprechen. Jede solche Kombination tritt in allen $n!$ möglichen Reihenfolgen auf. Faßt man immer diese $n!$ Glieder zusammen, so erhält man genau wie vorher den Beitrag $a_{\{l_1, \ldots, l_n\}} b_{\{l_1, \ldots, l_n\}}$ zu der Determinantensumme. Das ergibt die Behauptung.

10. Man beweise die in Aufg. 9 nach dem Muster von Aufg. 8 bewiesene Tatsache nunmehr auch durch Verallgemeinerung des Beweises in Aufg. 7.

Man berechne also die Determinante $\begin{vmatrix} 0 & A \\ B & -E_m \end{vmatrix}$ auf zwei Arten, erstens durch Entwicklung nach den ersten n Zeilen — das ergibt die rechte Seite der Behauptung, und zweitens wieder,

---

[1]) Siehe dazu die spätere Def. 41 [136].

indem man durch Spaltenkombination 0 an der Stelle von B erzeugt und dann § 18, Aufg. 6 anwendet — das ergibt die linke Seite der Behauptung.

11. Man beweise mittels Aufg. 9 die Regel: Die ν-te abgeleitete (adjungierte) Matrix eines Produkts $AB = C$ ist das Produkt der ν-ten abgeleiteten (adjungierten) Matrizen der Faktoren:

$$C^{(\nu)} = A^{(\nu)} B^{(\nu)}, \qquad \Gamma^{(\nu)} = \mathsf{A}^{(\nu)} \mathsf{B}^{(\nu)}.$$

Für die erstere Regel wende man Aufg. 9 auf eine Zeilenkombination $\{i_1, \ldots, i_\nu\}$ von A als (ν, n)-reihige Matrix und eine Spaltenkombination $\{k_1, \ldots, k_\nu\}$ von B als (n, ν)-reihige Matrix an. Für die letztere Regel verfahre man entsprechend, nur hat man noch eine einfache Vorzeichenbetrachtung anzufügen.

12. Wie drückt sich die in Satz 72 erhaltene Erweiterung des Laplaceschen Entwicklungssatzes durch zwei Matrizenprodukte aus?

$$A^{(\nu)} (\mathsf{A}^{(\nu)})' = (\mathsf{A}^{(\nu)})' A^{(\nu)} = |A|\, E_{\binom{n}{\nu}} .$$

13. Man beweise hiernach: Eine n-reihig quadratische Matrix A hat dann und nur dann eine Reziproke A^{-1}, wenn $|A| \neq 0$ ist[1]). Wie drückt sich dann A^{-1} durch die Elemente von A aus? (Vgl. hierzu den Spezialfall in § 14, Aufg. 5.)

Ist $AX = E$ oder $YA = E$, so folgt $|A| \neq 0$ nach dem Determinantensatz für das Matrizenprodukt (Aufg. 7, 8). Ist $|A| \neq 0$, so ist $|A|^{-1}\, \mathsf{A}'$ vordere und hintere Reziproke zu A nach Aufg. 12.

14. Wie kann im Falle $|A| \neq 0$, $|B| \neq 0$ die zweite Regel in Aufg. 11 aus der ersten gefolgert werden?

Nach Aufg. 12, 13 ist für $|A| \neq 0$ auch $|A^{(\nu)}| \neq 0$ und $(\mathsf{A}^{(\nu)})' = |A| (A^{(\nu)})^{-1}$. Man verbinde dies mit der entsprechenden Tatsache für B und beachte § 10, Aufg. 7, 13.

15. Man beseitige die Einschränkungen $|A| \neq 0$, $|B| \neq 0$ in Aufg. 14 durch Betrachtung von Matrizen aus Unbestimmten.

---

[1]) Siehe hierzu auch § 14, Aufg. 1—4, sowie die späteren Sätze 74, 79, 81, [132, 142].

Ist x_{ik}, y_{ik} $(i, k = 1, \ldots, n)$ ein System von $2n^2$ Unbestimmten über K, und werden aus ihnen die Matrizen $X = (x_{ik})$, $Y = (y_{ik})$ über $\mathsf{K}[x_{11}, \ldots, x_{nn}, y_{11}, \ldots, y_{nn}]$ gebildet, so ist $|X| \neq 0$, $|Y| \neq 0$ (§ 17, Aufg. 7). Nach Aufg. 14 gilt daher die zu beweisende zweite Regel aus Aufg. 11 für X, Y. Nach dem Einsetzungsprinzip folgt dann die Gültigkeit für beliebige Matrizen A, B über K.

16. Mit $\mathsf{A}^{(\nu)}$ bezeichneten wir die ν-te adjungierte Matrix zu A, d. h. die Matrix aus den $\binom{n}{\nu}^2$ Adjunkten ν-ter Ordnung von A. Davon ist zu unterscheiden die ν-te abgeleitete Matrix zu A, d. h. die Matrix aus den $\binom{n}{\nu}^2$ Unterdeterminanten ν-ten Grades der (ersten) adjungierten Matrix $\mathsf{A}^{(1)} = \mathsf{A}$ zu A. Wir bezeichnen die letztere mit $\mathsf{A}^{[\nu]}$. — Welche Beziehung besteht zwischen $\mathsf{A}^{(\nu)}$ und $\mathsf{A}^{[\nu]}$?

Man wende Aufg. 11 auf die in Aufg. 12 speziell festgestellte Beziehung $A\mathsf{A}' = |A|E$ an und vergleiche mit der allgemeinen Beziehung aus Aufg. 12. Den Fall $|A| = 0$ behandle man wie in Aufg. 15.

17. Man beweise durch Spezialisierung auf $\nu = 2$ die Formeln

$$\begin{vmatrix} \alpha_{i_1 k_1} & \alpha_{i_1 k_2} \\ \alpha_{i_2 k_1} & \alpha_{i_2 k_2} \end{vmatrix} = |A| \, \alpha_{\{i_1, i_2\}\{k_1, k_2\}}.$$

18. Man beweise: Sind in einer $(m, m+r)$-reihigen Matrix $(A\ B)$, wo A m-reihig quadratisch und B (m, r)-reihig ist, alle diejenigen Unterdeterminanten m-ten Grades gleich 0, die aus $m-1$ Spalten von A und einer Spalte von B gebildet sind, während die aus den m Spalten von A gebildete Unterdeterminante $|A| \neq 0$ ist, so ist $B = 0$. — Man benutze dazu die $(m+1)$-reihig quadratischen Matrizen

$$M_{ik} = \begin{pmatrix} A & \mathfrak{b}_k \\ \mathfrak{a}_i & 0 \end{pmatrix},$$

wo $\mathfrak{a}_i$ die i-te Zeile von A und $\mathfrak{b}_k$ die k-te Spalte von B bezeichnet.

Entwickelt man $|M_{ik}|$ nach der letzten Zeile, so folgt $|M_{ik}| = 0$ auf Grund der gemachten Voraussetzung. Entwickelt man $|M_{ik}|$ nach der letzten Spalte, so folgt $|M_{ik}| = \pm |A| b_{ik}$ unter Beachtung von Satz 70.

19. Von einer n-reihig quadratischen Matrix A sei bekannt, daß für ein festes ν mit $0 < \nu < n$ ihre ν-te abgeleitete Matrix $A^{(\nu)} = E_{\binom{n}{\nu}}$ ist. — Man beweise (gestützt auf Aufg. 18), daß dann $A = \varepsilon E$ mit $\varepsilon^\nu = e$ ist.

Um zu zeigen, daß $a_{ik} = 0$ für $i \neq k$ ist, betrachte man die (ν, n)-reihige Matrix aus der i-ten und $\nu - 1$ anderen Zeilen $i_1, \ldots, i_{\nu-1}$ von A. Nach der Voraussetzung ist dann von deren $\binom{n}{\nu}$ Unterdeterminanten ν-ten Grades genau eine von Null verschieden (gleich e), nämlich die den Spalten $i, i_1, \ldots, i_{\nu-1}$ entsprechende (Hauptunterdeterminante von A). Nach Aufg. 18 folgt also $a_{ik} = 0$ für $k \neq i, i_1, \ldots, i_{\nu-1}$. Wegen $\nu < n$ kann bei gegebenem $k \neq i$ stets ein $(\nu - 1)$-gliedriges, i und k nicht enthaltendes Zeilensystem $i_1, \ldots, i_{\nu-1}$ ausgewählt werden. Von den a_{ii} weiß man jetzt, daß alle ν-gliedrigen Produkte aus ihnen mit je ν verschiedenen Indizes i gleich e sind. Daraus folgt ohne weiteres, daß alle a_{ii} einander gleich sind und der Relation $a_{ii}^\nu = e$ genügen.

20. Man beweise die Invarianz der Diskriminante $D = B^2 - AC$ der quadratischen Form $Ax_1^2 + 2Bx_1x_2 + Cx_2^2$ bei Drehung des Koordinatensystems (allgemeiner: bei einer linearen Transformation mit der Determinante ± 1).

Man beachte, daß $D = -\begin{vmatrix} A & B \\ B & C \end{vmatrix}$ ist, und wende § 10, Aufg. 12 sowie Aufg. 7, 8 an. (Bedeutung in der Theorie der Kegelschnitte?).

§ 20. Anwendung der Determinantentheorie auf lineare Gleichungssysteme im Falle m = n.

1. Man löse die folgenden (im Körper P verstandenen) Gleichungssysteme nach der Cramerschen Regel auf:

a) $$\begin{cases} 3x_1 + 2x_2 \doteq a_1 \\ 4x_1 + 5x_2 \doteq a_2, \end{cases}$$

b) $$\begin{cases} x_1 + 2x_2 + 3x_3 \doteq a_1 \\ 2x_1 + 3x_2 + 4x_3 \doteq a_2 \\ 3x_1 + 4x_2 + 5x_3 \doteq a_3, \end{cases}$$

c) $$\begin{cases} x_1 + x_2 \qquad\qquad \doteq a_1 \\ \qquad x_2 + x_3 \qquad \doteq a_2 \\ \qquad\qquad x_3 + x_4 \doteq a_3 \\ -2x_1 \qquad\qquad + x_4 \doteq a_4. \end{cases}$$

2. Es seien die a_i $(i = 1, \ldots, n)$ untereinander verschieden. Man bestimme aus dem Gleichungssystem

$$\sum_{k=1}^{n} a_i^{n-k}\, x_k \doteq b_i$$

die Unbekannten x_1 und x_n.

Die Determinante $|a_i^{n-k}|$ ist bereits in § 19, Aufg. 4 berechnet worden. Zur Berechnung der Adjunkten zur ersten und letzten Spalte führt dieselbe Regel[1]).

3. Man bilde die Reziproke

a) der Matrix $\begin{pmatrix} a & b \\ c & d \end{pmatrix}$, wo $ad - bc \neq 0$,

b) der Koeffizientenmatrix A_P des Linearformensystems x_{p_i} $(i = 1, \ldots, n)$, wo $P = \begin{pmatrix} i \\ p_i \end{pmatrix}$ eine Permutation ist (vgl. § 17, Aufg. 5),

c) allgemeiner der Koeffizientenmatrix des Linearformensystems $a_i x_{p_i}$ $(i = 1, \ldots, n)$, wo die $a_i \neq 0$ sind (vgl. § 17, Aufg. 6).

Man wende Satz 74 an.

4. Es sei B eine (m, n)-reihige Matrix. Man bilde die Reziproke der $(m + n)$-reihig quadratischen Matrix

$$\begin{pmatrix} E_m & B \\ 0 & E_n \end{pmatrix}.$$

Die Determinante ergibt sich gemäß § 18, Aufg. 6. Zur Berechnung der Adjunkten verwende man dieselbe Regel, sowie

---

[1]) Für die Berechnung **aller** x_k siehe die später in **2**, § 23, Aufg. 19 entwickelten Determinantenformeln.

Satz 69 [128]; insbesondere bei der Adjunkten zu einem Element der Nullmatrix links unten [$(m + i)$-te Zeile, k-te Spalte] rücke man die b_{ki} enthaltende Spalte der Adjunkten nach links in die durch die Streichung der k-ten Spalte entstandene Lücke und wende dann § 18, Aufg. 6 an. Die bloße Feststellung, daß

$$\begin{pmatrix} E_m & -B \\ 0 & E_n \end{pmatrix}$$

die Reziproke ist — ohne die induktive Hinleitung auf diese Matrix —, kann man auch einfach gemäß § 10, Aufg. 14 erbringen.

5. Es seien A und D quadratische Matrizen der Reihenzahlen m und n mit von 0 verschiedenen Determinanten und B eine (m, n)-reihige Matrix. Unter Verwendung von Aufg. 4 bilde man die Reziproke der $(m + n)$-reihig quadratischen Matrix

$$\begin{pmatrix} A & B \\ 0 & D \end{pmatrix}.$$

Man vergleiche das Resultat mit dem von Aufg. 3, a) im Spezialfall $c = 0$.

Man benutze die Aufspaltung

$$\begin{pmatrix} A & B \\ 0 & D \end{pmatrix} = \begin{pmatrix} A & 0 \\ 0 & D \end{pmatrix} \begin{pmatrix} E_m & A^{-1}B \\ 0 & E_n \end{pmatrix}$$

und § 10, Aufg. 7.

6. Welchen Wert hat die Determinante der adjungierten Matrix A zu einer n-reihig quadratischen Matrix A?

Falls $|A| \neq 0$, ergibt sich das leicht aus § 19, Aufg. 12; siehe übrigens auch die Bemerkung nach Satz 81 [142]. Zur Beseitigung der Einschränkung $|A| \neq 0$ schließe man analog wie in § 19, Aufg. 15.

§ 21. Der Rang einer Matrix.

1. Man bestimme den Rang der ersten Matrix in § 17, Aufg. 3, sowie den Rang der (im Körper P verstandenen) Matrizen

$$\begin{pmatrix} 1 & 1 & 2 & 5 & 7 \\ 1 & 2 & 3 & 7 & 10 \\ 1 & 3 & 4 & 9 & 13 \\ 1 & 4 & 5 & 11 & 16 \end{pmatrix}, \quad \begin{pmatrix} 2 & 4 & 8 & 10 \\ 3 & 6 & 12 & 15 \\ 5 & 10 & 20 & 25 \end{pmatrix}.$$

Anstatt gemäß Def. 42 alle einzelnen Unterdeterminanten auszurechnen, kann man auch einfacher die in die Augen springenden Spaltenrelationen beachten und Hilfssatz 3 anwenden.

2. Es sei $\mathfrak{a} = (a_i)$ eine $(m, 1)$-reihige und $\mathfrak{b} = (b_k)$ eine $(1, n)$-reihige Matrix. Welchen Rang hat die (m, n)-reihige Matrix $\mathfrak{a}\mathfrak{b} = (a_i b_k)$?

Den Rang 1 oder 0, je nachdem $\mathfrak{a} \neq 0$ und $\mathfrak{b} \neq 0$ ist oder nicht.

3. Man beweise umgekehrt: Hat eine (m, n)-reihige Matrix A den Rang 0 oder 1, so besitzt sie eine Darstellung $A = \mathfrak{a}\mathfrak{b}$ als Produkt einer $(m, 1)$-reihigen Matrix $\mathfrak{a}$ und einer $(1, n)$-reihigen Matrix $\mathfrak{b}$.

Man wende Satz 76 an.

4. Es sei $A = (a_{ik})$ eine n-reihig quadratische Matrix aus reellen Zahlen mit den Eigenschaften:

a) $a_{ii} > 0$,

b) $a_{ik} \leqq 0$ für $i \neq k$,

c) $\sum_{k=1}^{n} a_{ik} > 0$.

(Siehe z. B. die zweite Matrix in § 17, Aufg. 1.) Man beweise indirekt, auf Grund von Satz 78, daß dann $|A| \neq 0$ ist.

Ist $\mathfrak{x} = (x_k)$ eine Lösung des A zugeordneten Systems (H.), so sei i so ausgewählt, daß x_i die dem Betrage nach größte der Zahlen x_k ist. Dann liefert die i-te Gleichung von (H.) auf Grund von a), b), c) einen Widerspruch.

5. Der Rang ϱ einer Matrix A werde in seiner Abhängigkeit von A mit $\varrho(A)$ bezeichnet. Es sei A eine n-reihige quadratische Matrix mit $|A| = 0$, also $\varrho(A) \leqq n-1$, und A ihre adjungierte Matrix. — Man beweise: Es ist $\varrho(\mathsf{A}) = 0$ oder 1, je nachdem $\varrho(A) < n-1$ oder $= n-1$ ist.

Der Fall $\varrho(A) < n-1$ ist trivial. Im Falle $\varrho(A) = n-1$ bestimme man die Fundamentallösungsanzahl von (H.) gemäß Satz 76 und Satz 52 [94] und beachte, daß gemäß Satz 72 [130] die Zeilen von A Lösungen von (H.) sind; man kann das Resultat auch ohne weiteres aus § 19, Aufg. 17 ablesen.

6. Es sei x_{ik} $(i, k = 1, \ldots, n;\ i < k)$ ein System von $\frac{n(n-1)}{2}$ Unbestimmten über K $(n \geqq 2)$, und es werde

$$x_{ik} = 0 \text{ für } i = k, \quad x_{ik} = -x_{ki} \text{ für } i > k$$

gesetzt, so daß

$$X = (x_{ik}) \qquad (i, k = 1, \ldots, n)$$

eine schiefsymmetrische Matrix ist. — Im Anschluß an § 19, Aufg. 5 beweise man: Für gerades n ist $|X|$ das Quadrat einer ganzen rationalen Funktion f der x_{ik} über K:

$$|X| = f^2.$$

Man mache sich klar, daß aus X durch Einsetzen von Elementen a_{ik} aus K für die Unbestimmten x_{ik} jede schiefsymmetrische Matrix A über K gewonnen werden kann, falls K die Eigenschaft $2e \neq 0$ hat [1]).

Den Beweis führe man durch vollständige Induktion nach n, und zwar — von der Feststellung im Falle $n = 2$ abgesehen — in folgenden Schritten:

a) Entwicklung von $|X|$ nach den Elementen der n-ten Zeile und Spalte gemäß § 18, Aufg. 7. — Die Koeffizienten dabei sind die Adjunkten $(n-2)$-ten Grades

$$\xi_{\{i,n\}\{k,n\}} = \hat{\xi}_{ik} \quad (i, k = 1, \ldots, n-1)$$

von X.

b) Nachweis, daß deren Matrix $\hat{\Xi} = (\hat{\xi}_{ik})$ symmetrisch ist, auf Grund von § 19, Aufg. 5, c).

c) Nachweis der Relationen

$$\begin{vmatrix} \hat{\xi}_{ii} & \hat{\xi}_{ik} \\ \hat{\xi}_{ik} & \hat{\xi}_{kk} \end{vmatrix} = \hat{\xi}_{ii}\hat{\xi}_{kk} - \hat{\xi}_{ik}^2 = 0$$

auf Grund von Aufg. 5.

d) Anwendung der Induktionsvoraussetzung auf die $\hat{\xi}_{ii}$, also $\hat{\xi}_{ii} = \eta_i^2$ mit ganzen rationalen Funktionen η_i der x_{ik} über K, und Vorzeichenfestlegung bei diesen η_i derart, daß die Relationen $\hat{\xi}_{ik} = \eta_i \eta_k$ $(i, k = 1, \ldots, n-1)$ gelten.

---

[1]) Vgl. Anm. 1 zu § 19, Aufg. 5. Für K mit $2e = 0$ siehe auch die spätere Aufg. 13 zu 2, § 4.

Zu a). Gemäß der Definition der x_{ik} lautet die fragliche Entwicklung hier $|X| = \sum_{i,k=1}^{n-1} \hat{\xi}_{ik} x_{in} x_{kn}$, so daß der Nachweis d) die Behauptung mit $f = \sum_{i=1}^{n-1} \eta_i x_{in}$ ergibt.

Zu b). Hier wird die Voraussetzung gebraucht, daß n gerade ist.

Zu c). $\hat{\Xi}$ ist die adjungierte Matrix zu derjenigen Matrix $\hat{X}$, die aus X durch Streichung der n-ten Zeile und Spalte entsteht. Für diese ist $|\hat{X}| = 0$ bekannt nach § 19, Aufg. 5, a).

Zu d). Die $\hat{\xi}_{ii}$ sind Determinanten von schiefsymmetrischen $(n-2)$-reihigen Teilmatrizen von X, also nach der Induktionsvoraussetzung Quadrate ganzer rationaler Funktionen η_i der x_{ik} über K. Legt man dabei das Vorzeichen von η_1 willkürlich fest [es ist $\eta_1 \neq 0$ gemäß § 19, Aufg. 5, b)] und die Vorzeichen von $\eta_2, \ldots, \eta_{n-1}$ so, daß $\hat{\xi}_{1k} = \eta_1 \eta_k$ $(k = 2, \ldots, n)$ ist [das geht gemäß den Relationen c)], so sind die übrigen in d) genannten Relationen von selbst erfüllt, wie aus b), c) und den aus derselben Quelle wie c) fließenden Relationen

$$\begin{vmatrix} \hat{\xi}_{11} & \hat{\xi}_{1k} \\ \hat{\xi}_{i1} & \hat{\xi}_{ik} \end{vmatrix} = \hat{\xi}_{11}\hat{\xi}_{ik} - \hat{\xi}_{1i}\hat{\xi}_{1k} = 0$$

hervorgeht.

7. Bei gegebener Matrix A mögen alle Matrizen der Form $\begin{pmatrix} A & 0 \\ 0 & 0 \end{pmatrix}$, die also aus A durch Hinzufügen beliebig vieler Nullzeilen unten und Nullspalten rechts entstehen, als untereinander gleich bezeichnet werden. In diesem Sinne können Matrizen A und B ganz beliebiger Reihenzahlen miteinander addiert und multipliziert werden, und Summe und Produkt sind im selben Sinne unabhängig davon, wieviele Nullzeilen und Nullspalten man an A und B anfügt, um zu im bisherigen Sinne miteinander addierbaren oder multiplizierbaren Matrizen zu kommen. Ebenso ist der Rang von A invariant in diesem Sinne. Ferner sind so die abgeleiteten Matrizen $A^{(\nu)}$ (aber nicht auch die adjungierten Matrizen $\mathsf{A}^{(\nu)}$) für beliebige Matrizen A durch Erweiterung zu einer gleichen

quadratischen Matrix definiert, und im selben Sinne invariant (bei geeigneter Reihenfolge der Zeilen- und Spaltenkombinationen).

a) Wie kann die Tatsache $\varrho(A)=\varrho$ mittels der abgeleiteten Matrizen $A^{(\nu)}$ ausgedrückt werden?

b) Wie kann die Tatsache $\varrho(A)\leqq\varrho$ mittels der $A^{(\nu)}$ ausgedrückt werden?

c) Man beweise damit die Regel $\varrho(AB)\leqq \mathrm{Min}\,(\varrho(A),\varrho(B))$.

Zu a). Durch $A^{(\varrho)}\neq 0$, $A^{(\varrho+1)}=0$, wie ohne weiteres aus Def. 42 folgt.

Zu b). Durch $A^{(\varrho+1)}=0$.

Zu c). Man wende § 19, Aufg. 11 an und beachte, daß $A^{(\sigma+1)}=0$ oder $B^{(\sigma+1)}=0$ ist, wenn $\sigma=\mathrm{Min}\,(\varrho(A),\,\varrho(B))$ ist.

8. Man beweise, daß die regulären n-reihig quadratischen Matrizen eine Gruppe bzgl. der Multiplikation bilden.

Das folgt ohne weiteres aus Satz 79 und § 19, Aufg. 7, 8.

9. Zwei (m, n)-reihige Matrizen A, B heißen äquivalent, wenn eine reguläre m-reihig quadratische Matrix P und eine reguläre n-reihig quadratische Matrix Q existieren derart, daß $B=PAQ$ ist. — Man zeige, daß diese Äquivalenz eine Äquivalenzrelation im Sinne von § 2, (I.) ist.

§ 2, (α.), (β.), (γ.) folgen aus der Gruppeneigenschaft der regulären Matrizen (Aufg. 8).

10. Wie hängen die beiden Linearformensysteme mit zwei äquivalenten Matrizen A und B untereinander zusammen?

Ist $f_i(\mathfrak{x})=\sum_{k=1}^{n} a_{ik}\,x_k$ $(i=1,\ldots,m)$ das Linearformensystem mit der Matrix A, so entsteht das System mit der Matrix B nach § 10, Aufg. 3, indem man erstens auf die f_i eine lineare Substitution

$$g_j=\sum_{i=1}^{m} p_{ji}\,f_i \quad (j=1,\ldots,m)$$

mit regulärer Matrix $P=(p_{ji})$ ausübt und zweitens auf die Unbestimmten x_k eine lineare Substitution

$$x_k = \sum_{l=1}^{n} q_{kl} y_l \qquad (k = 1, \ldots, n)$$

mit regulärer Matrix $Q = (q_{kl})$ ausübt. Beide Substitutionen sind zufolge der Regularität von P und Q gemäß Satz 79, 74 [132] eindeutig umkehrbar.

11. Man beweise: Äquivalente Matrizen haben gleichen Rang.

Man wende Aufg. 7, c) und § 2, (β.) an.

12. Man beweise: Ist A eine (m, n)-reihige Matrix vom Range ϱ, so ist A zur (m, n)-reihigen Matrix $\begin{pmatrix} E_\varrho & 0 \\ 0 & 0 \end{pmatrix}$ äquivalent.

Zunächst kann aus A durch Zeilen- und Spaltenumordnung eine Matrix A_1 hergestellt werden, in der die Unterdeterminante aus den ϱ ersten Zeilen und Spalten von 0 verschieden ist. Diese Umordnungen können gemäß Aufg. 10 durch vordere und hintere Multiplikation mit Permutationsmatrizen P_1 und Q_1 hervorgebracht werden, und P_1 und Q_1 sind regulär (§ 17, Aufg. 5):

$$A_1 = P_1 A Q_1 = \begin{pmatrix} A_{11} & A_{12} \\ A_{21} & A_{22} \end{pmatrix}$$

mit ϱ-reihig quadratischem A_{11} und $|A_{11}| \neq 0$. Entsprechend der Abhängigkeit der $m - \varrho$ letzten Zeilen von den ϱ ersten und der $n - \varrho$ letzten Spalten von den ϱ ersten (Satz 76) existieren dann ferner zwei Matrizen

$$P_2 = \begin{pmatrix} E_\varrho & 0 \\ U & E_{m-\varrho} \end{pmatrix} \quad \text{und} \quad Q_2 = \begin{pmatrix} E_\varrho & V \\ 0 & E_{n-\varrho} \end{pmatrix}$$

derart, daß

$$A_2 = P_2 A_1 Q_2 = \begin{pmatrix} A_{11} & 0 \\ 0 & 0 \end{pmatrix}$$

ist, und P_2 und Q_2 sind regulär (§ 18, Aufg. 6). Wegen $|A_{11}| \neq 0$ hat man schließlich

$$P_3 A_2 = \begin{pmatrix} E_\varrho & 0 \\ 0 & 0 \end{pmatrix} \quad \text{mit} \quad P_3 = \begin{pmatrix} A_{11}^{-1} & 0 \\ 0 & E_{m-\varrho} \end{pmatrix},$$

und P_3 ist wieder regulär (Satz 81).

13. Man beweise den in Aufg. 12 gegebenen Satz unter Ausnutzung des Toeplitzschen Verfahrens.

Im Toeplitzschen Verfahren wird gemäß § 12, Aufg. 2, 3 festgestellt, daß die (m, n)-reihige Matrix A durch vordere Multiplikation mit einer m-reihigen regulären Matrix P in eine (m, n)-reihige Matrix B der Gestalt

$$B = \begin{pmatrix} b_{11} \ldots b_{1,k_1-1} \; 1 \; 0 \ldots\ldots\ldots\ldots\ldots\ldots\ldots\ldots & 0 \\ b_{21} \ldots\ldots\ldots\ldots b_{2,k_2-1} \; 1 \; 0 \ldots\ldots\ldots\ldots & 0 \\ \ldots\ldots\ldots\ldots\ldots\ldots\ldots\ldots\ldots\ldots\ldots\ldots\ldots\ldots\ldots & \\ b_{r1} \ldots\ldots\ldots\ldots\ldots\ldots\ldots\ldots b_{r,k_r-1} \; 1 \; 0 \ldots & 0 \\ 0 \ldots\ldots\ldots\ldots\ldots\ldots\ldots\ldots\ldots\ldots\ldots\ldots\ldots & 0 \\ \ldots\ldots\ldots\ldots\ldots\ldots\ldots\ldots\ldots\ldots\ldots\ldots\ldots\ldots\ldots & \\ 0 \ldots\ldots\ldots\ldots\ldots\ldots\ldots\ldots\ldots\ldots\ldots\ldots\ldots & 0 \end{pmatrix}$$

übergeführt werden kann. Durch hintere Multiplikation mit

$$Q_1 = \begin{pmatrix} 1 & & & & & \\ & \ddots & & & & \\ & & \ddots & & & \\ -b_{11} & \cdots & -b_{1,k_1-1} & 1 & & \\ & & & & \ddots & \\ & & & & & 1 \end{pmatrix}$$

(wo an den nicht bezeichneten Plätzen durchweg 0 steht) entsteht dann eine Matrix B_1 des gleichen Typus (mit neuen $b_{ik}^{(1)}$) und speziell Nullen an Stelle der $b_{11}, \ldots, b_{1,k_1-1}$. Analog für die weiteren Zeilen fortfahrend, erreicht man nach r Schritten eine Matrix B_r, die durch bloße Spaltenumordnung in $\begin{pmatrix} E_r & 0 \\ 0 & 0 \end{pmatrix}$ übergeht. Wegen $r = \varrho$ (Satz 76 [138]) ergibt das wieder die Behauptung.

14. Man beweise nunmehr zusammenfassend: Zwei (m, n)-reihige Matrizen A und B sind dann und nur dann äquivalent, wenn sie gleichen Rang haben.

Das folgt unmittelbar aus Aufg. 11, 12 und § 2, (γ.).

15. Es sei A eine Matrix vom Range ϱ. Auf Grund der vorstehend erhaltenen Resultate bestimme man den Rang ϱ_ν ihrer ν-ten abgeleiteten Matrix $A^{(\nu)}$.

Ohne Einschränkung kann A als quadratische Matrix angenommen werden (Aufg. 7). Ist dann gemäß Aufg. 12

$$PAQ = \begin{pmatrix} E_\varrho & 0 \\ 0 & 0 \end{pmatrix},$$

so ist gemäß § 19, Aufg. 11 (bei passender Reihenfolge der Zeilen- und Spaltenkombinationen)

$$P^{(\nu)} A^{(\nu)} Q^{(\nu)} = \begin{pmatrix} E_{\binom{\varrho}{\nu}} & 0 \\ 0 & 0 \end{pmatrix} \quad \text{für} \quad \nu \leqq \varrho,$$

dagegen

$$P^{(\nu)} A^{(\nu)} Q^{(\nu)} = 0 \qquad \text{für} \quad \nu > \varrho.$$

Da $P^{(\nu)}$, $Q^{(\nu)}$ mit P, Q regulär sind (§ 19, Aufg. 12), ergibt sich gemäß Aufg. 11:

$$\varrho_\nu = \binom{\varrho}{\nu} \quad \text{für} \quad \nu \leqq \varrho,$$

$$\varrho_\nu = 0 \quad \text{für} \quad \nu > \varrho.$$

16. Man beweise hiernach: Für eine n-reihig quadratische reguläre Matrix A sind auch alle abgeleiteten Matrizen $A^{(\nu)}$ und alle adjungierten Matrizen $\mathsf{A}^{(\nu)}$ regulär, während für singuläres A auch alle $A^{(\nu)}$, $\mathsf{A}^{(\nu)}$ singulär sind. Welche Beziehung besteht zwischen $|A^{(\nu)}|$ und $|\mathsf{A}^{(\nu)}|$?[1]).

Für das letztere wende man § 19, Aufg. 12 an.

17. Mittels des eben festgestellten Resultats gebe man einen neuen Beweis für den in Aufg. 5 erhaltenen Tatbestand.

Man beachte dazu, daß $\mathsf{A} = \mathsf{A}^{(1)}$ und $A^{(n-1)}$ für eine n-reihig quadratische Matrix A denselben Rang haben.

18. Zwei n-reihig quadratische Matrizen A, B heißen **ähnlich**, wenn eine reguläre n-reihig quadratische Matrix P existiert, derart, daß $B = P^{-1}AP$ ist, also B durch Transformation mit P aus A entsteht. — Man zeige, daß die Ähnlichkeit eine Äquivalenzrelation im Sinne von § 2, (I.) ist.

§ 2, (α.), (β.), (γ.) folgen aus der Gruppeneigenschaft der regulären Matrizen (Aufg. 8) und aus Satz 15 [51].

19. Man beweise: Ähnliche Matrizen haben dasselbe charakteristische Polynom (§ 19, Aufg. 6).

---

[1]) Für die völlige Bestimmung dieser Determinanten siehe die späteren Aufg. 30—32 zu 2, § 2; für $\nu = 1$ schon § 20, Aufg. 6.

Man zerlege die Matrix $xE - B$ auf Grund von $P^{-1}P = E$ gemäß § 10, Aufg. 4 in drei Faktoren und wende § 19, Aufg. 7, 8 an.

20. Eine n-reihig quadratische Matrix A, für die $A^2 = A$ ist, heißt idempotent. — Man beweise: Ist A idempotent und vom Range ϱ, so ist A ähnlich zu $\begin{pmatrix} E_\varrho & 0 \\ 0 & 0 \end{pmatrix}$, und umgekehrt.

Der Fall $\varrho = 0$ ist trivial. Für $\varrho > 0$ folgt aus $A^2 - A = (A - E)A = 0$, wenn man eine reguläre Matrix P aus ϱ linear unabhängigen Spalten von A als ϱ ersten und dazu geeignet gewählten Spalten als $n - \varrho$ letzten bildet (analog wie $\ddot{A}$ im Beweis von Satz 76), eine Transformation von A in die Gestalt

$$P^{-1}AP = \begin{pmatrix} E_\varrho & X \\ 0 & Y \end{pmatrix},$$

wo wegen des Ranges (Aufg. 11) notwendig $Y = 0$ ist. Die verbleibende Matrix geht durch Transformation mit $Q = \begin{pmatrix} E_\varrho & -X \\ 0 & E_{n-\varrho} \end{pmatrix}$ in die behauptete Gestalt über. Die Umkehrung folgt einfach aus § 10, Aufg. 14.

§ 22. Anwendung der Determinantentheorie auf lineare Gleichungssysteme im allgemeinen Falle.

1. Man bestimme ein Fundamentallösungssystem für die homogenen Gleichungssysteme (H.) und (H.'), die den beiden letztgenannten Matrizen in § 21, Aufg. 1 entsprechen.

Man wende Satz 82 an.

2. Es sei (H.) ein homogenes Gleichungssystem mit $(m, m+1)$-reihiger Matrix A vom Range m. Man stelle die einfache Regel auf, nach der sich in diesem Falle ein Fundamentallösungssystem gemäß Satz 82 bilden läßt.

$x_k = \alpha_k$, wo α_k die durch Streichung der k-ten Spalte von A gebildete Unterdeterminante mit dem Vorzeichenfaktor $(-1)^{k-1}$ [oder natürlich auch $(-1)^k$] ist.

3. Man bestimme demgemäß ein Fundamentallösungssystem für das (im Körper P verstandene) homogene Gleichungssystem

$$\begin{array}{rrrrl} x_1 & & +4x_3 & +\ x_4 & \doteq 0 \\ -2x_1 & +3x_2 & -\ x_3 & +2x_4 & \doteq 0 \\ x_1 & -2x_2 & & -6x_4 & \doteq 0 \\ & -\ x_2 & -3x_3 & +3x_4 & \doteq 0 \end{array}$$

(vgl. § 17, Aufg. 3 und § 21, Aufg. 1).

4. Man bestimme die Lösungsgesamtheit der beiden (im Körper P verstandenen) inhomogenen Gleichungssysteme (vgl. § 21, Aufg. 1)

$$\begin{array}{rrrrl} x_1 + & x_2 + & x_3 + & x_4 & \doteq 0 \\ x_1 + & 2x_2 + & 3x_3 + & 4x_4 & \doteq 2 \\ 2x_1 + & 3x_2 + & 4x_3 + & 5x_4 & \doteq 2 \\ 5x_1 + & 7x_2 + & 9x_3 + & 11x_4 & \doteq 4 \\ 7x_1 + & 10x_2 + & 13x_3 + & 16x_4 & \doteq 6 \end{array} \qquad \begin{array}{rrrl} 2x_1 + & 3x_2 + & 5x_3 & \doteq 11 \\ 4x_1 + & 6x_2 + & 10x_3 & \doteq 22 \\ 8x_1 + & 12x_2 + & 20x_3 & \doteq 44 \\ 10x_1 + & 15x_2 + & 25x_3 & \doteq 55 \end{array}$$

a) nach der Methode von Satz 83,

b) nach der Methode von Satz 83, Zusatz 1.

Dabei überzeuge man sich vom Erfülltsein der notwendigen Lösbarkeitsbedingung

a) nach der Methode von Satz 48, Zusatz 2 [82],

b) nach der Methode von Satz 83, Zusatz 2.

5. Man behandle die in § 11, Aufg. 3—5, 7 determinantenfrei behandelten Gleichungssysteme jetzt auch mit den determinantentheoretischen Methoden.

2, I. Die linken Seiten algebraischer Gleichungen.

§ 1. Der Fundamentalsatz von der eindeutigen Zerlegbarkeit in Primelemente in K[x] und Γ.

1. Wann gilt in einem Körper $f \mid g$, wann nicht?

Nach **1**, § 1, (7.) sind die in Satz 1 aufgeführten Nichtteilbarkeitsrelationen die einzigen.

2. Man beweise das Teilbarkeitsgesetz:

Aus $g_1 g_2 \mid f_1 f_2$ und $f_1 \mid g_1$ $(f_\iota \neq 0,\ g_\iota \neq 0)$ folgt $g_2 \mid f_2$.

Das folgt etwa aus den Regeln in Satz 2, oder auch direkt auf Grund von Def. 1.

3. Die Teilbarkeitslehre kann auch in einem beliebigen Ring B entwickelt werden. Welche Modifikationen erfahren dabei die in Satz 1—3 ausgesprochenen Teilbarkeitsgesetze?

Man beachte, daß in B nicht notwendig ein Einselement vorhanden ist. Daher fallen $e \mid f$, $f \mid f$ in Satz 1 im allgemeinen fort. Ferner ist die Bedingung $h \neq 0$ in Satz 2 durch „h regulär" (**1**, § 3, Aufg. 1) zu ersetzen. Hat B keine echten Nullteiler, so fällt die letztgenannte Modifikation fort.

4. Was bedeutet die Teilbarkeit im Ring der geraden Zahlen?

$f \mid g$ für zwei gerade Zahlen f und g hat hier keineswegs dieselbe Bedeutung wie im Ring der ganzen Zahlen; z. B. ist hier $2 \nmid 2$.

5. Was bedeutet die Teilbarkeit in einem Vollring (**1**, § 3, Aufg. 3)?

Hier sind Nichtteilbarkeitsrelationen nur für Nullteiler links vom Teilbarkeitsstrich möglich.

6. Was bedeutet die Teilbarkeit im Integritätsbereich Γ_2 aller rationalen Zahlen der Form $\frac{g}{2^n}$ mit ungeradem g oder $g = 0$ (vgl. **1**, § 1, Aufg. 10)?

Die Relation $\frac{g_1}{2^{n_1}} \Big| \frac{g_2}{2^{n_2}}$ in Γ_2 läuft auf $g_1 \mid g_2$ in Γ hinaus.

7. Welches sind die Einheiten dieses Integritätsbereichs Γ_2? Was bedeutet demnach assoziiert in Γ_2?

Die Einheiten sind die Zahlen $\pm 2^n$ (n beliebig ganz).

8. Man gebe ein vollständiges Repräsentantensystem der Klassen assoziierter Elemente in Γ_2 an.

Etwa die positiven ungeraden Zahlen bilden ein solches.

9. Sind 2 und 6 Primelemente in Γ_2?

Es ist gerade umgekehrt wie in Γ.

10. Welches sind die Einheiten im Integritätsbereich $I[x]$ aller g. r. Fkt. von x über einem beliebigen Integritätsbereich I? Was bedeutet demnach assoziiert in $I[x]$? Man zeige ferner, daß die Primelemente von I auch Primelemente in $I[x]$ sind, und mache sich im Hinblick auf die späteren Aufg. 23—27 zu § 2 vor allem die Verhältnisse in den Spezialfällen $I = \Gamma$, $I = K[x_0]$ klar (Satz 7).

Alles ergibt sich aus der (auch in I[x] gültigen) Formel (3.).

11. Man untersuche die Elemente $ax + b$, $ax^2 + bx + c$ aus K[x] daraufhin, ob sie Primelemente sind.

Man wende Satz 6, 9 zur Einengung der möglichen echten Teiler an. Resultat: $ax + b$ ist Primelement dann und nur dann, wenn $a \neq 0$. Ist $2e = 0$ in K, so ist $ax^2 + bx + c$ dann und nur dann Primelement, wenn $c \neq au^2 + bu$ mit u aus K ist (vgl. Aufg. 33 und § 7, Aufg. 13). Ist $2e \neq 0$ in K, so dann und nur dann, wenn $b^2 - 4ac$ nicht Quadrat eines Elements aus K ist.

12. Man bestimme nach dem Euklidischen Algorithmus den größten gemeinsamen Teiler der Polynome

a) $x^5 + x^4 + 2x^3 + 2x^2 + 2x + 1$,
$x^4 + x^3 + 3x^2 + 2x + 2$, (K = P);

b) $f(x)$, $x - \alpha$, (K beliebig, α in K).

Im letzteren Falle muß man unterscheiden, ob $f(\alpha) \neq 0$ oder $f(\alpha) = 0$ ist.

13. Wie modifiziert sich das Resultat in Aufg. 12, a), wenn die Polynome über dem Körper aus genau 2 Elementen $(0, e)$ oder dem Körper aus genau 3 Elementen $(0, \pm e)$ verstanden werden (vgl. **1**, § 1, Beisp. 4; **1**, § 1, Aufg. 7; **1**, § 2, Aufg. 12)?

Im ersten Falle gar nicht, dagegen im zweiten um den Linearfaktor $x - e$.

14. Man beweise die folgende Regel für das Rechnen mit dem Symbol (f, g) für den größten gemeinsamen Teiler:

$$(af + bg,\ cf + dg) = (f, g), \text{ wenn } ad - bc \text{ Einheit,}$$

insbesondere stets

$$(f + hg, g) = (f, g).$$

Man wende Satz 14, (1.), (2.) und Satz 3 an. Man mache sich auch klar, daß die Einschränkung für $ad - bc$ wesentlich ist.

15. Man bestimme den größten gemeinsamen Teiler von

$$ax^2 + bx + c,\ x^n + ax^2 + bx + c \quad (n > 2).$$

Das Resultat fällt verschieden aus, je nachdem $c \neq 0$, oder $c = 0, b \neq 0$, oder $c = 0, b = 0, a \neq 0$, oder $c = 0, b = 0, a = 0$ ist.

16. Man leite aus Satz 14 die Existenz und eindeutige Bestimmtheit des normierten kleinsten gemeinsamen

Vielfachen $v = \{f_1, f_2\}$ von f_1 und f_2 her, charakterisiert durch

(a.) $f_1 \mid v,\ f_2 \mid v;$

(b.) aus $f_1 \mid h,\ f_2 \mid h$ folgt $v \mid h.$

Die eindeutige Bestimmtheit folgt formal analog zu der eindeutigen Bestimmtheit des größten gemeinsamen Teilers d. Die Existenz kann aus der Existenz von d erschlossen werden, indem man mittels Satz 14, (1.), (2.) zeigt, daß $\frac{f_1 f_2}{d}$ die Eigenschaften (a.), (b.) hat.

17. Wie lautet demnach das kleinste gemeinsame Vielfache der Polynome in Aufg. 12, a), b) und Aufg. 13?

18. Man beweise analog zu Satz 15 die Regel

$$\{f_1, f_2\}\, g = \{f_1 g, f_2 g\}.$$

19. Wie drückt sich die Tatsache, daß f_1 und f_2 teilerfremd sind, mittels ihres kleinsten gemeinsamen Vielfachen v aus?

$v = a f_1 f_2$.

20. Man zeige durch Bildung eines Gegenbeispiels, daß in Satz 16 die Voraussetzung, f und g_1 seien teilerfremd, wesentlich ist.

Es genügt etwa, $g_2 = e$ und f als von Einheiten verschiedenen Teiler von g_1 zu nehmen.

21. Man zeige entsprechend, daß in Satz 18 die Voraussetzung, p sei Primelement, wesentlich ist.

Es genügt etwa, $g_1 g_2$ an Stelle von p zu setzen (g_1, g_2 keine Einheiten).

22. Wie stellen sich auf Grund des Fundamentalsatzes von der eindeutigen Primzerlegung größter gemeinsamer Teiler d und kleinstes gemeinsames Vielfaches v zweier, in ihrer Zerlegung in Potenzen verschiedener normierter Primelemente gegebener Elemente f_1 und f_2 dar? Welche allgemeingültige Relation zwischen der nicht größeren Min (ν_1, ν_2) und der nicht kleineren Max (ν_1, ν_2) zweier ganzer Zahlen ν_1, ν_2 entspricht dabei der Relation $dv = a f_1 f_2$?

Man setzt dazu zweckmäßig $f_i (i = 1, 2)$ in der Form

$$f_i = a_i \prod_{k=1}^{s} p_k^{\nu_{ik}}$$

an, also als Produkte über ein- und dieselben Primelemente p_k ($k = 1, \ldots, s$), indem man für die Exponenten ν_{ik} auch den Wert 0 zuläßt, und gibt dann die entsprechende Darstellung von d und v auf Grund von Satz 20, 21 und Satz 14, (1.), (2.) bzw. Aufg. 16, (a.), (b.) an.

23. Man beweise auch für Elemente f_i ($i = 1, \ldots, r$) in beliebiger Anzahl r, die nur nicht sämtlich Null sind, die Existenz und eindeutige Bestimmtheit des größten gemeinsamen Teilers $d = (f_1, \ldots, f_r)$ und kleinsten gemeinsamen Vielfachen $v = \{f_1, \ldots, f_r\}$ und verallgemeinere auch die weitere in Satz 14 gegebene Tatsache für d (Darstellung als lineares Kompositum), sowie die Sätze 15, 16, 21—23 und die Resultate der Aufg. 14, 18, 19, 22 dementsprechend.

Man kann entweder die Beweise direkt gleich für r Elemente f_i analog zum Fall $r = 2$ durchführen — man spart dann im Beweis der Eindeutigkeit der Primzerlegung den Übergang von Satz 18 zu Satz 19 —, oder auch — wie dort — vollständige Induktion nach r anwenden, gestützt auf die dann zur Definition zu verwendenden Relationen

$$((f_1, \ldots, f_{r-1}), f_r) = (f_1, \ldots, f_r),$$
$$\{\{f_1, \ldots, f_{r-1}\}, f_r\} = \{f_1, \ldots, f_r\}.$$

Bei der ersteren Beweisart beweise man diese Relationen. — Die Relation $dv = af_1f_2$ (Aufg. 16) verallgemeinert sich nicht auf beliebige r.

24. Man beweise die folgenden Regeln für das Rechnen mit dem Symbol (f, g):

a) $(f_1, g_1)(f_2, g_2) = (f_1f_2, f_1g_2, g_1f_2, g_1g_2)$,

b) $(f, g)^n = (f^n, g^n)$.

c) Sind $f_1, \ldots, f_r$ von Null verschieden und paarweise teilerfremd, so sind die $g_i = \frac{f_1 \cdots f_r}{f_i}$ ($i = 1, \ldots, r$) insgesamt teilerfremd, d. h. es ist $(g_1, \ldots, g_r) = e$.

Wie lauten die a), b) entsprechenden Regeln für das Symbol $\{f, g\}$?

a) folgt durch zweimalige Anwendung von Satz 15 (siehe auch die Erl. zu Aufg. 23). Für b) wende man den Fundamentalsatz von der eindeutigen Primzerlegung mit der in Satz 21 ausgesprochenen Folgerung an, oder auch — nach leichter Reduktion auf den Fall $(f, g) = e$ — wiederholt den Satz 23. c) fließt aus den gleichen Quellen wie a).

25. Der Eindeutigkeitsnachweis F. läßt sich nach Zermelo auch sehr kurz indirekt führen. Man benötigt dann von den Vorbereitungen in E. nur die Division mit Rest (Satz 13) und auch diese nur mit der schwächeren, fast unmittelbar zu beweisenden Bedingung $|h| < |g|$ statt $|h| < |f|$. — Man führe diesen Beweis nach den nachstehenden Richtlinien im einzelnen aus.

Man betrachte ein (hypothetisches) Element $f \neq 0$ kleinsten Betrages mit nicht eindeutiger Primzerlegung [Prinzip (4.)]:

$$f = ap_1 \cdots p_r = bq_1 \cdots q_s,$$

zeige, daß dann notwendig $r \geqq 2$, $s \geqq 2$ und $p_i \neq q_k$ $(i = 1, \ldots, r;$ $k = 1, \ldots, s)$ ist, und stelle einen Widerspruch her, indem man p_1 durch q_1 mit Rest dividiert:

$$p_1 = q_1 g + h, \qquad |h| < |p_1|$$

(in der obigen schwächeren Form — für Γ genügt also $g = 1$, $h = p_1 - q_1$) und die Relation

$$f_0 = ahp_2 \cdots p_r = q_1(bq_2 \cdots q_s - agp_2 \cdots p_r)$$

diskutiert, nämlich nachweist: Bei (jeder) Zerlegung von h und der Klammer rechts in Primelemente stellt diese Relation zwei wesentlich verschiedene Zerlegungen eines $f_0 \neq 0$ mit $|f_0| < |f|$ dar, weil q_1 links nicht vorkommt.

26. Man beweise: Für teilerfremde von Null und Einheiten verschiedene f, g kann die Relation $e = f\bar{f} + g\bar{g}$ aus Satz 14 sogar durch solche $\bar{f}, \bar{g}$ befriedigt werden, daß $|\bar{f}| < |g|$, $|\bar{g}| < |f|$ ist.

Nach Satz 13 (Division von $\bar{f}$ durch g mit Rest) kann jedenfalls $|\bar{f}| < |g|$ auf Kosten von $\bar{g}$ erreicht werden. Im Falle $K[x]$ ist dann auch $|\bar{g}| < |f|$ [nach (2 a.)], im Falle Γ ebenfalls bei einer der beiden Möglichkeiten für $\bar{f}$.

27. Man beweise: Jedes Element φ des Quotientenkörpers P bzw. $K(x)$ von Γ bzw. $K[x]$ besitzt eine eindeutig bestimmte reduzierte Quotientendarstellung

$$\varphi = \frac{f}{g}, \ g \text{ normiert}, \ (f, g) = e,$$

aus der alle anderen durch Erweiterung von Zähler f und Nenner g mit beliebigem h entstehen. Wie lautet die Darstellung speziell für $\varphi = 0$?

Die Existenz der Darstellung folgt einfach aus Satz 15 (Wegdivision des größten gemeinsamen Teilers aus irgendeiner Quotientendarstellung). Die Eindeutigkeit und die letzte Behauptung folgen auf Grund des Gleichheitskriteriums **1**, § 3, (1.) nach Satz 16 (man operiert am besten mit den Nennern als Teilern, weil diese normiert angenommen sind).

28. Man beweise: Jedes Element $\varphi \neq 0$ aus P bzw. $\mathsf{K}(x)$ läßt sich eindeutig in der Form

$$\varphi = a \prod_{p} p^{\nu}$$

darstellen, wo das Produkt formal über alle normierten Primelemente p von Γ bzw. $\mathsf{K}[x]$ erstreckt ist, a eine Einheit ist, und die Exponenten ν irgendwelche ganze Zahlen ($\gtreqless 0$) sind, von denen nur endlich viele von Null verschieden sind.

Existenz und Eindeutigkeit ergeben sich leicht durch Primzerlegung von f und g in Aufg. 27.

29. Unter dem Grad eines Elementes $\varphi \neq 0$ aus $\mathsf{K}(x)$ versteht man die Zahl Max (m, n), wenn in der reduzierten Quotientendarstellung von φ der Zähler f den Grad m und der Nenner g den Grad n hat. Gehört φ sogar zu $\mathsf{K}[x]$, so läuft das auf die in **1**, § 5, 2.) gegebene Graddefinition hinaus.— Man beweise: Der Grad von $\varphi\,(\varphi_0(x))$ ist das Produkt der Grade von $\varphi(x)$ und $\varphi_0(x)$.

Es seien $\varphi = \frac{f}{g}$ (Grade m, n), $\varphi_0 = \frac{f_0}{g_0}$ (Grade m_0, n_0) die reduzierten Quotientendarstellungen von φ, φ_0. Da φ und $\frac{e}{\varphi}$ denselben Grad haben, darf ohne Einschränkung $m \geqq n$ angenommen werden. Es ist

$$\varphi(\varphi_0(x)) \equiv \frac{f_1(x)}{g_0(x)^{m-n} g_1(x)} \quad \text{mit} \quad \begin{cases} f_1(x) \equiv g_0(x)^m f(\varphi_0(x)) \\ g_1(x) \equiv g_0(x)^n g(\varphi_0(x)) \end{cases}.$$

Man beweise zunächst, daß $(f_1, g_1) = e$ ist, indem man von $f\bar{f} + g\bar{g} = e$

ausgehend feststellt, daß (f_1, g_1) in einer Potenz von g_0 aufgeht, und ferner $(f_1, g_0) = e$ wegen $(f_0, g_0) = e$ heranzieht (siehe die Formel für f_1 unten). Hiernach liefert die angegebene Darstellung von $\varphi(\varphi_0(x))$ dessen reduzierte Quotientendarstellung, indem man zu normiertem Nenner übergeht. Jetzt diskutiere man die Grade von

$$f_1 = a_m f_0^m + a_{m-1} f_0^{m-1} g_0 + \cdots + a_1 f_0 g_0^{m-1} + a_0 g_0^m$$
$$g_0^{m-n} \cdot g_1 = b_n f_0^n g_0^{m-n} + \cdots + b_1 f_0 g_0^{m-1} + b_0 g_0^m,$$

wo die a_i, b_k die Koeffizienten von f und g sind. Für $m_0 > n_0$ entsteht keine Schwierigkeit, da $a_m \neq 0$, $b_n (= e) \neq 0$ ist. Für $m_0 < n_0$ beachte man, daß wegen $(f, g) = e$ nicht zugleich $a_0 = 0$, $b_0 = 0$ sein kann. Für $m_0 = n_0$ beachte man, daß aus gleichem Grunde für den höchsten Koeffizienten α von f_0 (der von g_0 ist wegen der Normiertheit e) nicht zugleich $f(\alpha) = 0$, $g(\alpha) = 0$ sein kann[1]).

30. Man zeige im Anschluß an **1**, § 4, Aufg. 4, 5, daß die hinreichende Bedingung $\varphi_0(x) \equiv \dfrac{a + bx}{c + dx}$ $(ad - bc \neq 0)$ für die Relation $\mathsf{K}(\varphi_0(x)) = \mathsf{K}(x)$ auch notwendig ist.

Analog zu **1**, § 4, Aufg. 3 ist notwendige Bedingung das Bestehen einer Relation der Form $x \equiv \varphi(\varphi_0(x))$. Man wende dann das Resultat von Aufg. 29 an.

31. Man stelle die Gültigkeit des Satzes von der eindeutigen Zerlegbarkeit in normierte Primelemente im Integritätsbereich Γ_2 von Aufg. 6 fest (vgl. auch Aufg. 7—9).

Man geht am einfachsten von der bereits feststehenden eindeutigen Primzerlegung in Γ aus.

32. Man beweise: Ist ein Element g aus Γ bzw. $\mathsf{K}[x]$ nicht n-te Potenz eines Elements aus Γ bzw. $\mathsf{K}[x]$, so ist es auch nicht n-te Potenz eines Elements aus P bzw. $\mathsf{K}(x)$. — Im Falle Γ bedeutet das, anders gesagt, die Irrationalität von $\sqrt[n]{g}$ für ganze Zahlen g, die nicht n-te Potenzen ganzer Zahlen sind.

Der Ansatz $g = \left(\dfrac{f_1}{f_2}\right)^n$ in reduzierter Quotientendarstellung führt in der Form $g f_2^n = f_1^n$ auf Grund des Fundamentalsatzes von

[1]) Siehe hierzu — falls nötig — den späteren Satz 53 [43], oder schon Aufg. 12, b).

der eindeutigen Primzerlegung zu einem Widerspruch mit der Voraussetzung über g. — Man mache sich das Funktionieren dieses Beweises insbesondere in den in Γ verstandenen Spezialfällen $n = 2$, $g = -1$ und $g = p$ (Primzahl) klar.

33. Man bestimme für jeden der endlichen Körper aus genau 2, 3, 4 Elementen (vgl. **1**, § 1, Beisp. 4; **1**, § 1, Aufg. 7, 8; **1**, § 2, Aufg. 12) die sämtlichen Primfunktionen der Grade 2, 3, 4.

Die Primfunktionen vom Grade 1 sind bekannt (siehe die Bem. in § 1, D.). Hat man schon alle Primfunktionen bis zum Grade $n - 1$, so kann man alle zusammengesetzten Polynome vom Grade n bilden. Die Primfunktionen vom Grade n sind dann die noch fehlenden.

34. In Aufg. 34—48 werden Matrizen A aus Elementen von Γ oder K[x] betrachtet, kurz *ganze Matrizen*. — Welche Bedingung ist notwendig und hinreichend dafür, daß die Reziproke A^{-1} einer ganzen regulären quadratischen Matrix A wieder ganz ist?

Eine notwendige Bedingung ergibt sich aus der Determinantenmultiplikationsformel (**1**, § 19, Aufg. 7, 8; vgl. auch Def. 2). Daß diese Bedingung hinreichend ist, folgt dann aus der expliziten Darstellung von A^{-1} (**1**, § 19, Aufg. 13).

35. Man beweise: Die ganzen regulären n-reihig quadratischen Matrizen A mit der in Aufg. 34 untersuchten Eigenschaft (*ganzen unimodularen Matrizen*) bilden eine Gruppe bzgl. der Multiplikation.

36. In Verfeinerung der Definition in **1**, § 21, Aufg. 9 nennt man zwei ganze (m, n)-reihige Matrizen A, B *arithmetisch äquivalent*, wenn eine m-reihig quadratische Matrix P und eine n-reihig quadratische Matrix Q, beide ganz unimodular, existieren derart, daß $B = PAQ$ ist. — Man beweise, daß die arithmetische Äquivalenz eine Äquivalenzrelation im Sinne von **1**, § 2, (I.) ist.

37. Es seien A eine beliebige ganze Matrix vom Range ϱ und d_ν $(\nu = 1, \ldots, \varrho)$ die größten gemeinsamen Teiler aller ν-reihigen Unterdeterminanten von A (*Determinantenteiler von* A). — Man beweise in Analogie zu **1**, § 21, Aufg. 11:

a) Es ist $d_1 \mid d_2 \mid \ldots \mid d_\varrho$, also

$$d_1 = e_1,\ d_2 = e_1 e_2, \ldots,\ d_\varrho = e_1 e_2 \ldots e_\varrho$$

mit ganzen (normierten) e_ν (Elementarteiler von A).

b) Arithmetisch äquivalente Matrizen haben dieselben Determinantenteiler, also auch dieselben Elementarteiler.

a) folgt auf Grund des Laplaceschen Entwicklungssatzes, b) aus **1**, § 19, Aufg. 11, beidesmal unter Ausnutzung der Symmetrie der arithmetischen Äquivalenz [**1**, § 2, (β.)].

38. Es sei $A \neq 0$ eine ganze (m, n)-reihige Matrix und $\bar{A} = (\bar{a}_{ik})$ eine zu A arithmetisch äquivalente Matrix mit $\bar{a}_{11} \neq 0$ von kleinstmöglichem Betrage. — Man beweise der Reihe nach:

a) $\bar{a}_{11}$ darf (bei geeigneter Wahl von $\bar{A}$ unter allen seiner Definitionsbedingung genügenden Matrizen) normiert angenommen werden.

b) Es ist durchweg $|\bar{a}_{ik}| \geqq |\bar{a}_{11}|$ oder $\bar{a}_{ik} = 0$.

c) Es ist $\bar{a}_{11} \mid \bar{a}_{i1},\ \bar{a}_{11} \mid \bar{a}_{1k}$ $(i = 2, \ldots, m;\ k = 2, \ldots, n)$.

d) Im gleichen Sinne wie in a) dürfen diese $\bar{a}_{i1}, a_{1k} = 0$ angenommen werden.

e) Dann gilt $\bar{a}_{11} \mid \bar{a}_{ik}$ $(i = 2, \ldots, m;\ k = 2, \ldots, n)$, also $\bar{a}_{11} = d_1 = e_1$.

Man beachte zu a): Multiplikation einer Reihe mit einer Einheit; zu b): Vertauschung zweier Parallelreihen; zu c), d), e) außerdem: Addition einer mit einem ganzen Faktor multiplizierten Reihe zu einer Parallelreihe bedeuten sämtlich Übergang zu arithmetisch äquivalenten Matrizen. Vgl. hierzu **1**, § 10, Aufg. 6.

39. Man beweise in Analogie zu **1**, § 21, Aufg. 12, auf Grund des in Aufg. 38 angelegten Rekursionsverfahrens: Jede ganze Matrix vom Range ϱ ist zu einer Matrix

$$\begin{pmatrix} a_1 & & & & & \\ & a_2 & & & & \\ & & \ddots & & & \\ & & & a_\varrho & & \\ & & & & 0 & \\ & & & & & \ddots \\ & & & & & & 0 \end{pmatrix}$$

arithmetisch äquivalent, wobei die $a_\nu \neq 0$ und normiert sind und die Eigenschaften $a_1 \mid a_2 \mid \ldots \mid a_\varrho$ haben.

40. Man folgere jetzt: Die a_ν sind die Elementarteiler von A. Es gilt also in Verschärfung zu Aufg. 37, a) überdies stets $e_1 \mid e_2 \mid \ldots \mid e_\varrho$.

Das ergibt sich unmittelbar aus Aufg. 37, b) durch Berechnung der Determinantenteiler der in Aufg. 39 erhaltenen Matrix.

41. Man beweise nunmehr zusammenfassend in Analogie zu **1**, § 21, Aufg. 14: Zwei ganze Matrizen sind dann und nur dann arithmetisch äquivalent, wenn sie die gleichen Elementarteiler (Determinantenteiler) haben.

42. Man bestimme die Elementarteiler der folgenden ganzen Matrizen A und gebe für sie in die Normalform von Aufg. 39, 40 überführende ganze unimodulare Matrizen P, Q an:

$$A = (6\ 9\ 12),\quad \begin{pmatrix} 1 & 2 & 3 \\ 4 & 5 & 6 \end{pmatrix},\quad \begin{pmatrix} 4 & 2 \\ 22 & 14 \end{pmatrix} \text{ aus } \Gamma;$$

$$A = \begin{pmatrix} a - bx & a + bx \\ c - dx & c + dx \end{pmatrix} \text{ aus } \mathsf{K}[x] \ (a, b, c, d \text{ aus } \mathsf{K}).$$

Im letzteren Falle muß man unterscheiden, a) ob $ad - bc \neq 0$ oder $= 0$ ist, und b) ob $2e \neq 0$ oder $= 0$ in K ist.

43. Die Theorie der arithmetischen Äquivalenz für den Fall $\mathsf{K}[x]$ läßt sich zum Studium der Ähnlichkeit (**1**, § 21, Aufg. 18) von n-reihig quadratischen Matrizen A aus K ausnutzen. In **1**, § 21, Aufg. 19 war bereits festgestellt, daß das charakteristische Polynom $\mid xE - A \mid$ von A eine Invariante gegenüber Ähnlichkeitstransformationen $P^{-1}AP$ von A ist. — Man beweise, daß überdies die Determinantenteiler und somit die Elementarteiler der ganzen Matrix $xE - A$ (**charakteristische Matrix** von A) Invarianten gegenüber Ähnlichkeitstransformationen von A sind.

Man beachte, daß eine Ähnlichkeitstransformation von A eine arithmetische Äquivalenzbeziehung für die charakteristische Matrix $\mid xE - A \mid$ nach sich zieht, und benutze Aufg. 37, b).

44. Ganze Matrizen aus $\mathsf{K}[x]$ seien nachfolgend immer durch Angabe der Unbestimmten x gekennzeichnet, z. B.

$A(x)$, zum Unterschied von Matrizen aus K, die mit großen lateinischen Buchstaben ohne beigefügtes x bezeichnet werden. Unter dem Grad von $A(x) \equiv (f_{ik}(x)) \not\equiv 0$ sei der höchste bei den $f_{ik}(x)$ vorkommende Grad in x verstanden. Die Matrizen A aus K (und nur sie) haben also den Grad 0, die charakteristische Matrix $xE - A$ zu A hat den Grad 1, und allgemein läßt sich eine Matrix $A(x)$ vom Grad m in der Form $A_0 + xA_1 + \cdots + x^m A_m$ ($A_m \neq 0$) darstellen, wo A_ν die Matrix aus den Koeffizienten von x^ν der Elemente $f_{ik}(x)$ ist. — Man beweise: Zu jeder ganzen n-reihig quadratischen Matrix $P(x)$ existieren eindeutig ganze n-reihig quadratische Matrizen $P_1(x)$, $\overline{P}_1(x)$ und Matrizen P, $\overline{P}$ derart, daß

$$P(x) \equiv P_1(x)\,(xE - A) + P$$
$$P(x) \equiv (xE - A)\,\overline{P}_1(x) + \overline{P}$$

ist (hintere und vordere Division mit Rest durch $xE - A$). Wie drücken sich P und $\overline{P}$ durch $P(x)$ und A aus?

Man verfahre [unter Zugrundelegung der oben angegebenen Darstellung als g. r. Fkt. von x mit Matrizenkoeffizienten für $P(x)$] formal ganz analog zur gewöhnlichen Division mit Rest für g. r. Fkt. Die Eindeutigkeit ergibt sich ebenfalls wie dort, etwa für die hintere Division durch Betrachtung des Grades (höchsten Gliedes in x) von $(P_1(x) - P_2(x))\,(xE - A)$.

45. Die n-reihig quadratischen Matrizen $xE - A$ und $xE - B$ mögen die gleichen Elementarteiler haben. Nach dem Resultat von Aufg. 41 existieren dann also zwei ganze unimodulare n-reihig quadratische Matrizen $P(x)$ und $Q(x)$ mit

$$(xE - A)\,P(x) \equiv Q(x)\,(xE - B).$$

Man zeige, daß dann eine entsprechende Relation mit Matrizen P und Q aus K besteht, indem man $P(x)$ hinten durch $xE - B$, $Q(x)$ vorne durch $xE - A$ mit Rest dividiert und eine Gradbetrachtung anstellt, und zeige ferner, daß dann notwendig $P = Q$ ist.

Treten dabei $P_1(x), Q_1(x), P, Q$ als Quotienten und Reste auf, so folgt aus

$$(xE - A)(P_1(x) - Q_1(x))(xE - B) \equiv Q(xE - B) - (xE - A)P$$

durch Betrachtung der höchsten Glieder in x, daß $P_1(x) \equiv Q_1(x)$ sein muß, und dann ebenso, daß $P = Q$ sein muß.

46. Man zeige, daß die Matrix $P = Q$ in Aufg. 45 regulär ist, indem man auch $P(x)^{-1}$ hinten durch $xE - A$, $Q(x)^{-1}$ vorne durch $xE - B$ dividiert und eine Gradbetrachtung anstellt.

Treten bei den letzteren Divisionen $\overline{P}_1(x)$, $\overline{Q}_1(x)$, $\overline{P}$, $\overline{Q}$ als Quotienten und Reste auf, so ist auch $\overline{P}_1(x) \equiv \overline{Q}_1(x)$, und es folgen Relationen

$$E \equiv P(x)\,P(x)^{-1} \equiv R(x)\,(xE - A) + P\overline{P}$$
$$E \equiv Q(x)^{-1}\,Q(x) \equiv (xE - B)\,S(x) + \overline{Q}Q$$

mit ganzen $R(x)$, $S(x)$, aus denen durch Betrachtung der höchsten Glieder in x folgt $R(x) \equiv 0$, $S(x) \equiv 0$.

47. Man folgere nunmehr zusammenfassend: Zwei n-reihig quadratische Matrizen A und B sind dann und nur dann ähnlich, wenn ihre charakteristischen Matrizen $xE - A$ und $xE - B$ die gleichen Elementarteiler haben.

Man braucht nur noch in Aufg. 45 $x = 0$ zu setzen.

48. Man entscheide über die Ähnlichkeit der folgenden Matrizen A und B aus P:

a) $A = \begin{pmatrix} 1 & 2 \\ 0 & 1 \end{pmatrix}$, $\quad B = \begin{pmatrix} 3 & -2 \\ 2 & -1 \end{pmatrix}$;

b) $A = \begin{pmatrix} 1 & 1 & 0 \\ 0 & 1 & 0 \\ 0 & 0 & 1 \end{pmatrix}$, $\quad B = \begin{pmatrix} 1 & 1 & 0 \\ 0 & 1 & 1 \\ 0 & 0 & 1 \end{pmatrix}$;

c) $A = \begin{pmatrix} 1 & 1 & 0 \\ 0 & 1 & 0 \\ 0 & 0 & 1 \end{pmatrix}$, $\quad B = \begin{pmatrix} 2 & 1 & 0 \\ -1 & 0 & 0 \\ -1 & -1 & 1 \end{pmatrix}$.

§ 2. Restklassenringe in $\mathsf{K}[x]$ und Γ.

1. Man beweise: Ist $g \mid f$, so setzt sich jede Restklasse mod. g aus vollen Restklassen mod. f zusammen.

Aus $h_1 \equiv h_2$ mod. f folgt $h_1 \equiv h_2$ mod. g.

2. Man beweise: Im Falle Γ ist für $g \mid f$ und $f \neq 0$ jede Restklasse mod. g aus der gleichen endlichen Anzahl von Restklassen mod. f zusammengesetzt. Wie groß ist diese Anzahl?

Man betrachte den Restklassenring mod. f als Gruppe hinsichtlich seiner Addition (additive Restklassengruppe mod. f; **1**, § 7, Aufg. 4, 5) und fasse den Übergang von der (feineren) Kongruenz mod. f zu der (gröberen) Kongruenz mod. g als einen Homomorphismus dieser Gruppe auf die additive Restklassengruppe mod. g auf (**1**, § 9, Aufg. 9). Die Behauptungen folgen dann aus **1**, § 8, insbesondere **1**, Satz 25 [59]; siehe auch **1**, § 8, Aufg. 8.

3. Man entscheide über die Lösbarkeit und bestimme im Falle Γ die Lösungsanzahl einer linearen Kongruenz

$$gy \doteq h \text{ mod. } f \qquad (f \neq 0),$$

wo g, h gegeben sind und y gesucht ist. Die Lösungen sind als Restklassen mod. f zu zählen, d. h. nur mod. f inkongruente Lösungen y zählen als verschieden.

Es kommt auf den Teiler der Restklasse g mod. f an (Satz 30). Die notwendige und hinreichende Lösbarkeitsbedingung ist die Wegdividierbarkeit dieses Teilers auch aus h (Satz 3 [9], Satz 31), und die Lösungsanzahl im Falle Γ ergibt sich nach seiner Wegdivision unter Berücksichtigung von Aufg. 2.

4. Man entscheide hiernach über die Lösbarkeit und bestimme gegebenenfalls die Lösungen der linearen Kongruenzen:

a) $2x \doteq 1$ mod. 5,

b) $6x \doteq 5$ mod. 15,

c) $6x \doteq 3$ mod. 15.

5. Wie stellt sich die Einteilung in reguläre Elemente und Nullteiler (**1**, § 3, Aufg. 1) im Restklassenring mod. f dar?

Die primen Restklassen sind regulär (Satz 31), die nicht primen Nullteiler, falls $f \neq 0$, dagegen bis auf 0 auch regulär, falls $f = 0$.

6. Man beweise hiernach: Der Restklassenring mod. f ist für $f \neq 0$ ein Vollring (**1**, § 3, Aufg. 3).

Man wende den in Aufg. 5 noch unberücksichtigten Teil von Satz 31 an.

7. Es seien f_1, f_2 teilerfremd und von Null verschieden. Im Sinne von Satz 14 sei ferner

$$f_1 \bar{f}_1 + f_2 \bar{f}_2 = e,$$

also

$$f_2 \bar{f}_2 \equiv e \bmod. f_1, \quad \equiv 0 \bmod. f_2,$$
$$f_1 \bar{f}_1 \equiv 0 \bmod. f_1, \quad \equiv e \bmod. f_2.$$

Man leite hieraus eine Lösung des Kongruenzensystems

$$y \mathrel{\dot{\equiv}} y_1 \bmod. f_1, \qquad y \mathrel{\dot{\equiv}} y_2 \bmod. f_2$$

her, wo y_1, y_2 gegeben sind und y gesucht ist. Als Restklasse nach welchem Modul muß man die Lösung betrachten, damit sie eindeutig wird?

Man multipliziere die zuvor angegebenen Kongruenzen mit y_1 und y_2 und addiere.

8. Man zeige, daß y in Aufg. 7 ein vollständiges Repräsentantensystem der Restklassen nach dem Produktmodul $f = f_1 f_2$ (**volles Restsystem** mod. f) durchläuft, wenn y_1, y_2 solche mod. f_1, mod. f_2 durchlaufen.

Im Falle Γ kommt man auf Grund von Satz 27 und Aufg. 7 durch Abzählung zum Ziel, im Falle $K[x]$ nicht ohne weiteres. Für beide Fälle gleichmäßig folgt aber die Behauptung, wenn man in Aufg. 7 von $y_1 = y$, $y_2 = y$ ausgeht.

9. Man beweise im Anschluß an Aufg. 7, 8, daß die eineindeutige Zuordnung $y \longleftrightarrow (y_1, y_2)$ zwischen den Restklassen y mod. f und den Restklassenpaaren y_1 mod. f_1, y_2 mod. f_2 einen Isomorphismus zwischen den entsprechenden Restklassenringen liefert, wenn das Rechnen mit den Paaren y_1, y_2 durch komponentenweise Ausführung erklärt wird:

$$(y_1, y_2) + (y_1', y_2') = (y_1 + y_1', y_2 + y_2'),$$
$$(y_1, y_2)(y_1', y_2') = (y_1 y_1', y_2 y_2').$$

(Darstellung des Restklassenrings mod. f als **direkte Summe** der Restklassenringe mod. f_1 und mod. f_2).

Man hat die Isomorphierelationen **1**, § 2, (3.), (4.) für die angegebene Zuordnung bei den angegebenen Rechenoperationen nachzuweisen. Sie ergeben sich ohne weiteres aus der rechnerischen Realisation der Zuordnung gemäß Aufg. 7:

$$y \equiv y_1 f_2 \bar{f}_2 + y_2 f_1 \bar{f}_1 \bmod. f.$$

10. Man verfolge das Verhalten der primen Restklassen bei diesem Isomorphismus.

y ist dann und nur dann prim zu f, wenn y_1 prim zu f_1 und y_2 prim zu f_2 ist.

11. Welche Beziehung ergibt sich daraus im Falle Γ für die Anzahlen $\varphi(f) = \varphi(f_1 f_2)$ und $\varphi(f_1), \varphi(f_2)$ der primen Restklassen unter den Voraussetzungen in Aufg. 7?

12. Man verallgemeinere Aufg. 7—11 auf den Fall eines Produkts f aus einer beliebigen Anzahl r von paarweise teilerfremden, von Null verschiedenen Faktoren $f_1, \ldots, f_r$.

Hier gehe man, im Anschluß an § 1, Aufg. 23, Aufg. 24, c) von der Relation

$$g_1\bar{g}_1 + \cdots + g_r\bar{g}_r = e, \quad g_i = \frac{f}{f_i} \quad (i = 1, \ldots, r)$$

aus.

13. Man löse hiernach das Kongruenzensystem

$$y \doteq 3 \text{ mod. } 4, \quad y \doteq 2 \text{ mod. } 5, \quad y \doteq 2 \text{ mod. } 3.$$

Will man allgemein in Aufg. 12 die zugrunde zu legende Lösung von

$$g_1\bar{g}_1 + \cdots + g_r\bar{g}_r = e$$

nicht durch Probieren sondern durch ein systematisches Rechenverfahren gewinnen, so bestimme man zunächst durch den Euklidischen Algorithmus eine Lösung h_1, h_2 von $g_1h_1 + g_2h_2 = (g_1, g_2)$, dann eine Lösung h_1', h_2' von $(g_1, g_2)h_1' + g_3h_2' = (g_1, g_2, g_3)$, usw.

14. Man beweise auf Grund von Aufg. 12 die im Anschluß an Satz 31 angegebene Formel für die Eulersche Funktion $\varphi(f)$.

Man lege die Zerlegung von f in Potenzen p^ν verschiedener Primzahlen p zugrunde und bestimme $\varphi(p^\nu)$ direkt auf Grund der Tatsache, daß hier die nicht primen Restklassen genau die Restklassen vom Teiler p sind, deren Anzahl nach Aufg. 2 bekannt ist (oder auch leicht unmittelbar aus dem vollen Restsystem von Satz 27 abgelesen werden kann).

15. Im Anschluß an **1**, § 6, Aufg. 6 mache man sich die gruppentheoretische Natur des Beweises für den kleinen Fermatschen Satz (Satz 29 und Bem. nach Satz 31) klar.

16. Für welche natürlichen Zahlen f als Modul ist
a) $\varphi(f) = 4$, b) $\varphi(f) = f-1$, c) $2\varphi(f) = f$, d) $\varphi(f) \mid f$, e) $2\varphi(f) \mid f$?

Für a) unterscheide man Fälle danach, welche (echten oder unechten) Aufspaltungen von 4 in Faktoren der Zerlegung von f in Potenzen verschiedener Primzahlen entspricht, und wende die nach Satz 31 gegebene explizite Formel für $\varphi(f)$ an. b) beantwortet sich leicht direkt (Satz 28); c), d), e) wieder auf Grund der expliziten Formel. Resultat für d): $f = 2^{\nu}\,3^{\nu'}$ ($\nu > 0$, falls $\nu' > 0$); für e): $f = 2^{\nu}$.

17. Man teile die eben gefundenen f mit $\varphi(f) = 4$ in zwei Klassen ein, je nachdem welchem der beiden (einzigen!) Gruppentypen $\mathfrak{Z}_4$ oder $\mathfrak{D}_2$ der Ordnung 4 (**1**, § 6, Aufg. 2) die prime Restklassengruppe $\mathfrak{P}_f$ angehört.

Praktisch ist das leicht durch explizite Aufstellung der Restklassen und ihrer Verknüpfungen zu entscheiden. Theoretisch ziehe man die direkte Summendarstellung gemäß Aufg. 9 des Rings Γ_f heran, die nach Aufg. 10 eine direkte Produktdarstellung[1]) der Gruppe $\mathfrak{P}_f$ liefert. Haben dabei zwei der Komponenten den Typus $\mathfrak{Z}_2$, so hat $\mathfrak{P}_f$ den Typus $\mathfrak{D}_2$; hat aber eine den Typus $\mathfrak{Z}_4$, die andere den Typus $\mathfrak{Z}_1 = \mathfrak{E}$ (oder fehlt die andere ganz), so hat $\mathfrak{P}_f$ den Typus $\mathfrak{Z}_4$.

18. In Aufg. 2 ist die Anzahl derjenigen Restklassen nach einer natürlichen Zahl f bestimmt worden, deren Teiler durch g teilbar ist. Man bestimme auch die Anzahl derjenigen Restklassen mod. f, deren Teiler genau g ist.

Man beachte, daß nach Wegdivision des Teilers g prime Restklassen nach dem sich einstellenden Modul entstehen müssen.

19. Man beweise hiernach für jede natürliche Zahl f die Relation

$$\sum_{d \mid f} \varphi(d) = f,$$

wo die Summe über alle verschiedenen (echten und unechten) normierten Teiler d von f zu erstrecken ist.

Man zähle sämtliche f Restklassen mod. f nach ihren Teilern geordnet auf.

---

[1]) Siehe hierzu auch die spätere allgemeine Theorie in § 3 Aufg. 9 ff.

20. Man konstruiere durch Kombination der Sätze 27, 28 für den Fall Γ und danach mit denselben Sätzen für den Fall $K[x]$ (mit geeignetem K) endliche Körper[1]).

Ist $f(x)$ Primfunktion vom Grade n über P_p, so ist der Restklassenring mod. $f(x)$ ein endlicher Körper von p^n Elementen.

21. Man stelle fest, daß der in **1**, § 1, Aufg. 8 konstruierte Körper von 4 Elementen auf diese Art erzeugbar ist.

Die einzige Primfunktion vom Grade 2 in P_2 ist $x^2 + x + e$ (§ 1, Aufg. 33).

22. Man beweise die Existenz von endlichen Körpern aus p^2 Elementen für jede Primzahl p.

Die Anzahl der verschiedenen reduziblen Polynome über P_p vom Grade 2 kann man auf Grund ihrer Erzeugung als $(x - a)(x - b)$ leicht angeben. Man hat zu zeigen, daß sie kleiner ist als die Anzahl aller verschiedenen Polynome über P_p vom Grade 2. Man beachte, daß $(x - a)(x - b) \equiv (x - a')(x - b')$ nur für $a = a'$, $b = b'$ (oder umgedreht) stattfindet (Satz 12 [14]).

23. Es sei $I = \Gamma$ oder $K[x]$, und es werde der Integritätsbereich $I[x_1]$ betrachtet (vgl. § 1, Aufg. 10). Jedem von Null verschiedenen Element

$$f(x_1) \equiv a_0 + a_1 x_1 + \cdots + a_n x_1^n$$

aus $I[x_1]$ entspricht ein bestimmter größter gemeinsamer Teiler seiner Koeffizienten $a_0, \ldots, a_n$ aus I, kurz der Teiler von f, und f heißt primitiv, wenn sein Teiler e ist. Es ist stets eindeutig

$$f = d f_0 \quad (f_0 \text{ primitiv aus } I[x_1],\ d \text{ normiert aus } I).$$

Die höchste in d aufgehende Potenz p^ν eines normierten Primelements p von I heißt der p-Teiler von f, und f heißt p-primitiv, wenn sein p-Teiler e ist. Es ist stets eindeutig

$$f = p^\nu f_p \quad (f_p\ p\text{-primitiv aus } I[x_1]).$$

Man beweise außer den vorstehend ausgesprochenen Tatsachen der Reihe nach die folgenden Tatsachen (Gaußscher Satz):

---

[1]) Zu Aufg. 20—22 siehe die spätere allgemeine Theorie in § 20.

$\mathfrak{a}_0$) Sind f_1 und f_2 p-primitiv, so ist auch $f_1 f_2$ p-primitiv.

$\mathfrak{b}_0$) Haben f_1 und f_2 die p-Teiler p^{ν_1} und p^{ν_2}, so hat $f_1 f_2$ den p-Teiler $p^{\nu_1+\nu_2}$.

a) Sind f_1 und f_2 primitiv, so ist auch $f_1 f_2$ primitiv.

b) Haben f_1 und f_2 die Teiler d_1 und d_2, so hat $f_1 f_2$ den Teiler $d_1 d_2$.

$\mathfrak{b}_0$) und b) folgen jeweils leicht aus $\mathfrak{a}_0$) und a). a) und b) folgen aus $\mathfrak{a}_0$) und $\mathfrak{b}_0$) nach dem Fundamentalsatz von der eindeutigen Primzerlegung in I durch Inbetrachtziehung aller Primelemente p von I. Der Kern $\mathfrak{a}_0$) dieser Tatsachen läuft auf die Trivialität 1, Satz 4 [12] hinaus, wenn man von $\mathsf{I}[x_1]$ zum Restklassenring $\mathsf{I}[x_1]_p$ nach dem Primelement p (§ 1, Aufg. 10) übergeht; denn dabei geht „p-primitiv" in „$\neq 0$" über, und der Restklassenring ist ein Integritätsbereich (kein Körper — Satz 28 ist für $\mathsf{I}[x_1]$ nicht bewiesen und auch nicht richtig!), nämlich isomorph zum Integritätsbereich $\mathsf{I}_p[x_1]$ über dem Restklassenkörper I_p mod. p von I. Das letztere beweist man durch unmittelbar auf der Hand liegende Zuordnung. Es stellt den Hauptschluß im Beweis dar.

24. Es bezeichne $\bar{\mathsf{K}} = \mathsf{P}$ bzw. $\mathsf{K}(x)$ den Quotientenkörper zu $\mathsf{I} = \Gamma$ bzw. $\mathsf{K}[x]$. Man folgere aus Aufg. 23 a): Hat ein Element $f \neq 0$ aus $\mathsf{I}[x_1]$ eine Zerlegung $f = a\bar{f}_1\bar{f}_2$ in zwei normierte Faktoren $\bar{f}_1, \bar{f}_2$ aus $\bar{\mathsf{K}}[x_1]$ und a aus I, so hat es auch eine Zerlegung $f = c f_1 f_2$ in zwei zu $\bar{f}_1, \bar{f}_2$ in $\bar{\mathsf{K}}[x_1]$ assoziierte primitive Faktoren f_1, f_2 aus $\mathsf{I}[x_1]$ und c aus I. Ist insbesondere f normiert (Polynom in x_1), also $a = 1$, so gehören schon $\bar{f}_1, \bar{f}_2$ zu $\mathsf{I}[x_1]$ (ebenfalls oft Gaußscher Satz genannt).

Jedes normierte

$$\bar{f}(x_1) \equiv \alpha_0 + \alpha_1 x_1 + \cdots + \alpha_{n-1} x_1^{n-1} + x_1^n$$

aus $\bar{\mathsf{K}}[x_1]$ kann durch Einführung geeigneter Quotientendarstellungen der $\alpha_0, \ldots, \alpha_{n-1}$ aus $\bar{\mathsf{K}}$ eindeutig in die Form

$$f(x_1) \equiv \frac{a_0 + a_1 x_1 + \cdots + a_n x_1^n}{a_n} \equiv \frac{f(x_1)}{a_n}$$

gesetzt werden, wo $a_0, \ldots, a_n$ (letzteres normiert) teilerfremde Elemente aus I sind (a_n normierter Generalnenner von $\alpha_0, \ldots \alpha_{n-1}$), also $f(x_1)$ primitives Element aus $\mathsf{I}[x_1]$ ist.

25. Man beweise im Anschluß hieran die Gültigkeit des Fundamentalsatzes von der eindeutigen Primzerlegung in $\mathsf{I}[x_1]$, gestützt auf seine Gültigkeit in I und in $\mathsf{K}[x_1]$.

Die Möglichkeit der Zerlegung folgt analog wie in § 1, D. Man setze dazu hier $|f| = k^n$, wenn $f\ (\neq 0)$ vom Grade n (in x_1). Für $|f| = 1$ liegt ein Element aus I vor, für das man die Möglichkeit der Primzerlegung auch in $\mathsf{I}[x_1]$ bereits weiß (§ 1, Aufg. 10). Für die Eindeutigkeit der Primzerlegung gehe man aus von der eindeutigen Primzerlegung eines $f(\neq 0)$ aus $\mathsf{I}[x_1]$ im Erweiterungsbereich $\overline{\mathsf{K}}[x_1]$ und stelle daraus gemäß Aufg. 24 eine Zerlegung in zu $\mathsf{I}[x_1]$ gehörige, dort primitive (nicht mehr in $\overline{\mathsf{K}}[x_1]$ normierte) Primelemente aus $\overline{\mathsf{K}}[x_1]$ und einen zu I gehörigen Einheitsfaktor aus $\overline{\mathsf{K}}[x_1]$ (assoziiert zum Teiler von f) her. Die Eindeutigkeit der Primzerlegung im Erweiterungsbereich $\overline{\mathsf{K}}[x_1]$ zusammen mit der Eindeutigkeit der Primzerlegung des letztgenannten Einheitsfaktors in I verbürgen die Eindeutigkeit der gewonnenen Primzerlegung im Teilbereich $\mathsf{I}[x_1]$ (bis auf die Reihenfolge und die Normierung der Primelemente durch Einheiten aus $\mathsf{I}[x_1]$ [Einheiten aus I]); man mache sich hierzu klar, daß unter allen zu einem Primelement $\overline{p}(x_1)$ aus $\overline{\mathsf{K}}[x_1]$ in $\overline{\mathsf{K}}[x_1]$ assoziierten nur das gemäß der Erl. zu Aufg. 24 konstruierte assoziierte $p(x_1)$ (und seine in $\mathsf{I}[x_1]$ assoziierten) gleichzeitig sowohl zu $\mathsf{I}[x_1]$ gehörig als auch dort Primelement ist.

26. Man gebe eine Normierungsvorschrift für die Primelemente aus $\mathsf{I}[x_1]$ an, auf Grund deren die Primzerlegung, von der Reihenfolge abgesehen, völlig eindeutig wird.

Es genügt, den höchsten Koeffizienten in x_1 als normiert in I zu fordern.

27. Man beweise durch vollständige Induktion, nach dem gleichen Schema wie zuvor, die Gültigkeit des Fundamentalsatzes von der eindeutigen Primzerlegung in $\Gamma[x_1, \ldots, x_n]$ und in $\mathsf{K}[x_1, \ldots, x_n]$.

Für den Induktionsbeweis legt man im letzteren Fall besser $\mathsf{K}[x, x_1, \ldots, x_n]$ zugrunde, weil die für die vollständige Induktion zugrunde zu legenden Stufen sich in den beiden Fällen so entsprechen:

$$\Gamma,\ \Gamma[x_1],\ \ \ldots,\ \Gamma[x_1, \ldots, x_n]$$
$$\mathsf{K}[x],\ \mathsf{K}[x, x_1], \ldots,\ \mathsf{K}[x, x_1, \ldots, x_n].$$

Die beiden ersten Stufen sind erledigt, und der Schritt von der $(n-1)$-ten Stufe zur n-ten Stufe vollzieht sich nach genau demselben Schema wie der Schritt von der ersten zur zweiten Stufe. — Eine passende Normierungsvorschrift erhält man durch folgende dem induktiven Beweis angepaßte induktive Definition: Ein Element $f \neq 0$ aus $\mathsf{I}[x_1, \ldots, x_n]$ heißt normiert in $\mathsf{I}[x_1, \ldots, x_n]$, wenn sein höchster Koeffizient in x_n normiert in $\mathsf{I}[x_1, \ldots, x_{n-1}]$ ist. Diese Vorschrift bezieht sich auf die fest zugrunde gelegte Reihenfolge $x_1, \ldots, x_n$ der Unbestimmten.

28. Es sei I irgendeiner der vorstehend studierten Integritätsbereiche $\Gamma[y_1, \ldots, y_m]$ oder $\mathsf{K}[y_1, \ldots, y_m]$ mit eindeutiger Primzerlegung und $\mathsf{I}[x_1, \ldots, x_n]$ der Integritätsbereich der g. r. Fkt. von n (neuen) Unbestimmten $x_1, \ldots, x_n$ über I, also ebenfalls ein Integritätsbereich mit eindeutiger Primzerlegung. Man beweise: Damit ein Element

$$a_1 x_1 + \cdots + a_n x_n$$

mit Koeffizienten $a_1, \ldots, a_n$ aus I (eine Linearform in $x_1, .., x_n$ über I) Primelement in $\mathsf{I}[x_1, \ldots, x_n]$ ist, ist notwendig und hinreichend, daß die Koeffizienten $a_1, \ldots, a_n$ teilerfremd in I sind.

Die Notwendigkeit ist trivial. Umgekehrt muß bei einer Zerlegung einer der Faktoren gleichzeitig in allen Unbestimmten $x_1, \ldots, x_n$ den Grad 0 haben, weil sonst in der Normaldarstellung des Produkts beider Faktoren ein Produkt $x_i x_k$ mit von Null verschiedenem Koeffizienten vorkäme (man betrachte die letzten wirklich vorkommenden Glieder beider Faktoren, um ein Wegheben auszuschließen!).

29. Im Anschluß an **1**, § 17, Aufg. 7 beweise man, daß die Determinante $|X| \equiv |x_{ik}|$ der Matrix $X \equiv (x_{ik})$ aus n^2 Unbestimmten über K ein Primelement in $\mathsf{K}[x_{11}, x_{12}, \ldots, x_{nn}]$ ist.

Man verwende vollständige Induktion nach n, entwickle $|X|$ etwa nach der ersten Zeile:

$$|X| \equiv x_{11}\xi_{11} + \cdots + x_{1n}\xi_{1n}$$

und wende Aufg. 28 an. Man beachte dabei, daß die durch die Induktionsannahme garantierte Primelementeigenschaft von etwa ξ_{11} in $\mathsf{K}[x_{22}, x_{23}, \ldots, x_{nn}]$ sich auf

$\mathsf{K}[x_{21}, \ldots, x_{n1}; x_{22}, x_{23}, \ldots, x_{nn}]$ überträgt (analog wie in § 1, Aufg. 10), und daß $\xi_{11}, \ldots, \xi_{1n}$ nicht assoziiert in dem letzteren Integritätsbereich sind (Normaldarstellungen!).

30. Im Anschluß an **1**, § 19, Aufg. 12 und **1**, § 21, Aufg. 16 beweise man mittels des Resultats von Aufg. 29, daß die Determinanten der abgeleiteten Matrizen $A^{(\nu)}$ und der adjungierten Matrizen $\mathsf{A}^{(\nu)}$ einer beliebigen n-reihig quadratischen Matrix A von der Form $c_\nu |A|^{l_\nu}$ und $\gamma_\nu |A|^{\lambda_\nu}$ sind, mit gewissen nur von ν (nicht von A) abhängigen Faktoren c_ν, γ_ν aus K und Exponenten l_ν, λ_ν.

Nach dem Einsetzungsprinzip genügt es, für die Matrix $X \equiv (x_{ik})$ aus n^2 Unbestimmten über K die Formeln

$$|X^{(\nu)}| \equiv c_\nu |X|^{l_\nu}, \quad |\Xi^{(\nu)}| \equiv \gamma_\nu |X|^{\lambda_\nu},$$

mit gewissen Faktoren c_ν, γ_ν aus K (Einheiten aus $\mathsf{K}[x_{11}, \ldots, x_{nn}]$) und Exponenten l_ν, λ_ν zu beweisen. Nach **1**, § 21, Aufg. 16 ist man im Besitz der Primzerlegung für das Produkt $|X^{(\nu)}|\,|\Xi^{(\nu)}|$ und kann den Fundamentalsatz mit der (natürlich auch in der hier vorliegenden Allgemeinheit gültigen) Konsequenz aus Satz 20 [22] anwenden.

31. Man bestimme die Exponenten l_ν, λ_ν in Aufg. 30, indem man K durch $\mathsf{K}(y)$ mit einer neuen Unbestimmten y ersetzt und die Determinanten der abgeleiteten und adjungierten Matrizen der Matrix (yx_{ik}) untersucht.

Man beachte die Bem. nach **1**, Satz 68 [128].

32. Man bestimme die Faktoren c_ν, γ_ν in Aufg. 30.

Es genügt, für A die spezielle Matrix E einzusetzen.

§ 3. Zyklische Gruppen.

1. Man mache sich klar, daß der Beweis von Satz 36 auf Grund des Isomorphismus von $\mathfrak{Z}$ zur additiven Gruppe $\mathfrak{R}_n$ der Restklassen mod. n (n die Ordnung von $\mathfrak{Z}$ bzw. $n = 0$, falls diese unendlich) auf die Betrachtungen in § 2, Aufg. 1, 2 hinausläuft.

Man vergleiche diesen stark begrifflichen Beweis auch mit dem naiven, in der Erl. zu **1**, § 7, Aufg. 1 skizzierten.

2. Es sei A Element von endlicher Ordnung n oder auch von unendlicher Ordnung einer Gruppe $\mathfrak{G}$, und es sei m eine ganze Zahl. Welche Ordnung hat A^m?

Das ergibt sich etwa, indem man den Isomorphismus der durch A erzeugten zyklischen Gruppe $\mathfrak{Z}$ auf $\mathfrak{R}_n$ (wie in Aufg. 1) zugrunde legt und die lineare Kongruenz $mx \doteq 0 \bmod. n$ gemäß § 2, Aufg. 3 studiert.

3. Es sei P ein n-gliedriger Zyklus (**1**, § 16, Aufg. 9) und m eine ganze Zahl. Man gebe die Zyklenzerlegung (**1**, § 16, Aufg. 10) von P^m an.

Ist $(m, n) = d$ und $n = dk$, so entstehen k-gliedrige Zyklen in der Anzahl d, die man von $P = (12 \ldots n)$ ausgehend explizit hinschreiben kann. Sie entsprechen der Zusammensetzung der d Restklassen mod. d aus je k Restklassen mod. n (§ 2, Aufg. 1, 2).

4. Man mache sich durch ein Gegenbeispiel klar, daß in Satz 35 die Voraussetzung der Vertauschbarkeit von A_1 und A_2 wesentlich ist.

Man muß natürlich eine nicht-abelsche Gruppe zugrunde legen. Es genügt etwa schon die einfachste solche, die Diedergruppe $\mathfrak{D}_3$ (verg. **1**, § 6, Beisp. 4; **1**, § 6, Aufg. 2).

5. Im Anschluß an Satz 35 und **1**, § 8, Aufg. 5, 6 bestimme man für zwei vertauschbare Elemente A_1, A_2 der Primzahlpotenzordnungen p^{μ_1}, p^{μ_2} mit $\mu_1 \neq \mu_2$ einer Gruppe $\mathfrak{G}$ die Ordnung des Produkts $A_1 A_2$.

6. Eine endliche Gruppe $\mathfrak{G}$ sei das Kompositum zweier elementweise vertauschbarer zyklischer Untergruppen $\mathfrak{Z}_1, \mathfrak{Z}_2$, die den Durchschnitt $\mathfrak{E}$ haben (direktes Produkt von $\mathfrak{Z}_1$ und $\mathfrak{Z}_2$, Bezeichnung $\mathfrak{G} = \mathfrak{Z}_1 \times \mathfrak{Z}_2$). $\mathfrak{G}$ ist also abelsch. — Man beweise: $\mathfrak{G}$ ist zyklisch oder nicht, je nachdem die Ordnungen von $\mathfrak{Z}_1$ und $\mathfrak{Z}_2$ teilerfremd sind oder nicht.

Man wende zunächst **1**, § 7, Aufg. 9 an, um die Ordnung von $\mathfrak{G}$ zu bestimmen, dann Satz 35 bzw. **1**, § 8, Aufg. 5.— Das Resultat gilt auch für unendliche Gruppen $\mathfrak{G}$, wenn man 0 und 0 als nicht teilerfremd bezeichnet.

7. Man verallgemeinere Aufg. 6 auf den Fall, daß $\mathfrak{G}$ Kompositum einer beliebigen Anzahl r von zyklischen Unter-

gruppen $\mathfrak{Z}_1, \ldots, \mathfrak{Z}_r$ ist, die zu je zweien elementweise vertauschbar sind, und von denen jede mit dem Kompositum der übrigen den Durchschnitt $\mathfrak{E}$ hat (**direktes Produkt** von $\mathfrak{Z}_1, \ldots, \mathfrak{Z}_r$, Bezeichnung $\mathfrak{G} = \mathfrak{Z}_1 \times \cdots \times \mathfrak{Z}_r$).

Man wende vollständige Induktion an (vgl. insbesondere § 1, Aufg. 23).

8. Man beweise umgekehrt: Ist $\mathfrak{G}$ zyklisch von der endlichen Ordnung n und $n = n_1 \cdots n_r$ eine Zerlegung in paarweise teilerfremde Faktoren, so ist $\mathfrak{G}$ direktes Produkt von r zyklischen Untergruppen $\mathfrak{Z}_1, \ldots, \mathfrak{Z}_r$ der Ordnungen $n_1, \ldots, n_r$.

Man kommt am einfachsten zum Ziel, wenn man den Isomorphismus von $\mathfrak{G}$ auf die additive Restklassengruppe $\mathfrak{R}_n$ zugrunde legt und deren Darstellung als direkte Summe der additiven Restklassengruppen $\mathfrak{R}_{n_i}$ $(i = 1, \ldots, r)$ gemäß § 2, Aufg. 9, 12 benutzt. — Man gebe danach insbesondere primitive Elemente der zyklischen Gruppen $\mathfrak{Z}_i$ explizit an.

9. Allgemein heißt eine (endliche oder unendliche) Gruppe $\mathfrak{G}$ **direktes Produkt** der zu je zweien elementweise vertauschbaren Untergruppen $\mathfrak{H}_i$ $(i = 1, \ldots, r)$, Bezeichnung $\mathfrak{G} = \mathfrak{H}_1 \times \cdots \times \mathfrak{H}_r$, wenn

α) $\mathfrak{G}$ aus den $\mathfrak{H}_i$ komponiert ist,

β) jedes $\mathfrak{H}_i$ mit dem Kompositum der $\mathfrak{H}_k$ mit $k \neq i$ den Durchschnitt $\mathfrak{E}$ hat. Man beweise:

a) Jedes Element A aus $\mathfrak{G}$ besitzt dann eine eindeutige Darstellung

$$A = A_1 \cdots A_r \qquad (A_i \text{ aus } \mathfrak{H}_i).$$

b) Für endliches $\mathfrak{G}$ ist die Ordnung n von $\mathfrak{G}$ das Produkt der Ordnungen n_i der $\mathfrak{H}_i$.

c) $\mathfrak{H}_i$ ist Normalteiler von $\mathfrak{G}$, und $\mathfrak{G}/\mathfrak{H}_i$ ist isomorph zum Kompositum (direkten Produkt) der $\mathfrak{H}_k$ mit $k \neq i$.

d) In der Definition des direkten Produkts können statt der Forderungen α), β) auch die Forderungen α), a) treten, und für endliches $\mathfrak{G}$ an Stelle der Forderung β) auch die Forderung b).

10. Man beweise: Ist $\mathfrak{G}$ eine abelsche Gruppe der endlichen Ordnung n und $n = n_1 \cdots n_r$ eine Zerlegung von n in paarweise teilerfremde Faktoren, so läßt sich $\mathfrak{G}$ als direktes Produkt von r Untergruppen der Ordnungen $n_1, \ldots, n_r$ darstellen.

Man folgert aus der Kommutativität von $\mathfrak{G}$, daß die Lösungen der Gleichungen $X_1^{n_1} = E, \ldots, X_r^{n_r} = E$ in $\mathfrak{G}$ Untergruppen $\mathfrak{H}_1, \ldots, \mathfrak{H}_r$ bilden. Ist $m_1\overline{m}_1 + \cdots + m_r\overline{m}_r = 1$ mit $m_i = \frac{n}{n_i}$ (§ 2, Aufg. 12), so erweist sich für beliebiges A aus $\mathfrak{G}$

$$A = A^1 = A^{m_1\overline{m}_1} \cdots A^{m_r\overline{m}_r}$$

als eindeutige Komponentenzerlegung nach diesen Untergruppen. Daraus ergibt sich die Behauptung nach Aufg. 9, a), d).

11. Man folgere aus dem Resultat von Aufg. 10: Jede endliche abelsche Gruppe läßt sich als direktes Produkt von Untergruppen darstellen, deren Ordnungen Potenzen verschiedener Primzahlen sind.

12. Es seien $A_1, \ldots, A_n$ die sämtlichen Elemente einer endlichen abelschen Gruppe $\mathfrak{G}$. Man betrachte alle auf Grund der Verknüpfung in $\mathfrak{G}$ zwischen $A_1, \ldots, A_n$ bestehenden Relationen

$$A_1^{\alpha_1} \cdots A_n^{\alpha_n} = E.$$

Sie liefern ein unendliches System von n-gliedrigen Vektoren

$$\mathfrak{a} = (\alpha_1, \ldots, \alpha_n).$$

Man zeige: In diesem System läßt sich ein Teilsystem $\mathfrak{a}_1, \ldots, \mathfrak{a}_r$ so auswählen, daß alle Vektoren $\mathfrak{a}$ des Systems aus den Vektoren $\mathfrak{a}_i$ des Teilsystems linear mit ganzzahligen Koeffizienten komponierbar sind.

Für rationalzahlige lineare Komposition ist das klar (**1**, § 13, Hilfssatz 1 [92]). Für ganzzahlige lineare Komposition bedenke man, daß in $\mathfrak{G}$ n spezielle Relationen

$$A_k^{n_k} = E \quad (k = 1, \ldots, n)$$

bestehen, wo n_k die Ordnung von A_k ist. Man nehme deren Exponentenvektoren $n_k e_k$ in das auszuwählende Teilsystem auf, außerdem noch die weiteren endlich vielen Exponentenvektoren, die durch Reduktion der α_k auf ein festes Restsystem mod. n_k aus den sämtlichen $\mathfrak{a}$ entstehen.

13. Es sei $\mathsf{A} = (\alpha_{ik})$ $(i = 1, \ldots, r;\ k = 1, \ldots, n)$ die aus den in Aufg. 12 ausgewählten Vektoren $\mathfrak{a}_i$ als Zeilen gebildete ganzzahlige Matrix. Gemäß § 1, Aufg. 39, 40 ist A arithmetisch äquivalent zu einer Matrix

$$\mathsf{B} = \begin{pmatrix} e_1 & & \\ & \ddots & \\ & & e_n \end{pmatrix},$$

wo die e_k positiv ganz oder 0 sind und $e_1 \mid \ldots \mid e_n$ ist (die etwaigen $e_k = 0$ stehen also zuletzt!). Es sei $P\mathsf{A}Q = \mathsf{B}$ mit ganzzahligen unimodularen P, Q. Man unterwerfe die Elemente A_k der linearen Substitution mit der Matrix Q^{-1}:

$$B_k = \prod_{l=1}^{n} A_l^{\bar{q}_{kl}} \quad (k = 1, \ldots, n), \text{ kurz } \mathfrak{B} = Q^{-1}\mathfrak{A},$$

deren Umkehrung also die lineare Substitution

$$A_k = \prod_{l=1}^{n} B_l^{q_{kl}} \quad (k = 1, \ldots, n), \text{ kurz } \mathfrak{A} = Q\,\mathfrak{B},$$

mit der Matrix Q ist, und beweise: Die Exponentenvektoren $\mathfrak{b}$ aller zwischen den entstehenden Elementen B_k bestehenden Relationen lassen sich aus den Exponentenvektoren der speziellen Relationen

$$B_k^{e_k} = E \qquad (k = 1, \ldots, n)$$

ganzzahlig linear komponieren.

Jeder Exponentenvektor $\mathfrak{a}$ liefert in der Form $\mathfrak{b} = \mathfrak{a}Q$ einen Exponentenvektor $\mathfrak{b}$, und so entstehen alle $\mathfrak{b}$, da umgekehrt jedes $\mathfrak{b}$ in der Form $\mathfrak{a} = \mathfrak{b}Q^{-1}$ ein $\mathfrak{a}$ liefert. Die Gesamtheit der $\mathfrak{b}$, also der $\mathfrak{a}Q$, ist ganzzahlig linear komponierbar aus den $\mathfrak{a}_iQ$, d. h. aus den Zeilen der Matrix $\mathsf{A}Q$, und diese wiederum auch aus den Zeilen der Matrix $P\mathsf{A}Q = \mathsf{B}$.

14. Aus Aufg. 13 folgere man: Jede endliche abelsche Gruppe $\mathfrak{G}$ ist als direktes Produkt von zyklischen Gruppen $\mathfrak{Z}_1, \ldots, \mathfrak{Z}_r$ darstellbar, und sogar so, daß deren Ordnungen

$n_1, \ldots, n_r$ der Bedingung $n_1 | \ldots | n_r$ genügen. Man zeige nämlich:

a) Die Perioden $\mathfrak{Z}_k$ der B_k haben $\mathfrak{G}$ als Kompositum [Aufg. 9, α)].

b) Alle e_k sind von Null verschieden, und die $\mathfrak{Z}_k$ haben die Ordnung e_k.

c) Die $\mathfrak{Z}_k$ haben die Eigenschaft β) von Aufg. 9.

a) folgt aus $\mathfrak{A} = Q\mathfrak{B}$. b) und c) folgen aus Aufg. 13; man beachte dabei insbesondere, daß infolge der Endlichkeit von $\mathfrak{G}$ jedes B_k von endlicher Ordnung ist — das ergibt $e_k \neq 0$ —, und daß die etwa (am Anfang!) auftretenden B_k mit $e_k = 1$ weggelassen werden dürfen.

15. Man beweise nunmehr: Jede endliche abelsche Gruppe $\mathfrak{G}$ ist als direktes Produkt von zyklischen Gruppen von Primzahlpotenzordnung darstellbar (Fundamentalsatz für endliche abelsche Gruppen).

Man kombiniere Aufg. 14 und Aufg. 8[1]).

16. Man beweise, daß die in Aufg. 15 auftretenden Primzahlpotenzordnungen durch $\mathfrak{G}$ eindeutig bestimmt sind (Primzahlpotenzinvarianten von $\mathfrak{G}$).

Jedenfalls sind dabei die vorkommenden Primzahlen p und das Produkt aller zu einer Primzahl p vorkommenden Primzahlpotenzen eindeutig bestimmt [Aufg. 9, b)]. Die einzelnen Primzahlpotenzen lassen sich invariant durch die Lösungsanzahlen der Gleichungen $X^{p^\nu} \doteq E$ in $\mathfrak{G}$ charakterisieren.

17. Man verallgemeinere den in Aufg. 12—16 gewonnenen Beweis des Fundamentalsatzes für endliche abelsche Gruppen auf abelsche Gruppen mit endlich vielen Erzeugenden, die sich also als Kompositum der Perioden endlich vieler ihrer Elemente darstellen lassen. In dem direkten Produkt können dann auch Zyklen unendlicher Ordnung auftreten, entsprechend den $e_k = 0$ in der Matrix B von Aufg. 13.

[1]) Aufg. 10, 11 sind für den hier mittels der Elementarteilertheorie angelegten Beweis des Fundamentalsatzes entbehrlich. Man kann den Fundamentalsatz auch durch weitere Behandlung der in Aufg. 11 erhaltenen direkten Faktoren von Primzahlpotenzordnung führen. Doch läuft jeder solche Beweis im Prinzip auf die Anwendung der Schlußweise in § 1, Aufg. 38, also auf den elementarteilertheoretischen Hauptschluß hinaus.

Alles folgt ganz entsprechend, wenn nur Aufg. 12 verallgemeinert ist. Man sieht zunächst mittels **1**, Satz 75 [135], 83 [146], daß die bei der linearen Komposition aller Exponentenzeilen a aus einem Maximalsystem rationalzahlig linear unabhängiger Exponentenzeilen a_i in den Koeffizienten auftretenden Nenner (bei geeigneter Wahl dieser Koeffizienten unter allen Lösungen des betr. inhomogenen linearen Gleichungssystems) einen festen Generalnenner g besitzen, nämlich eine gewisse Unterdeterminante der Matrix aus den a_i. Man füge dann zu dem Maximalsystem a_i noch diejenigen endlich vielen Exponentenzeilen hinzu, die durch Reduktion der Zähler der Koeffizienten auf ein festes Restsystem mod. g entstehen.

18. Wie viele Typen abelscher Gruppen gibt es von den Ordnungen p^ν (p Primzahl), $n = p_1^{\nu_1} \cdots p_r^{\nu_r}$ ($p_1, \ldots, p_r$ verschiedene Primzahlen)?

Man weiß nach Aufg. 15, 16, daß zwei abelsche Gruppen dann und nur dann isomorph sind, wenn sie dieselben Primzahlpotenzinvarianten haben. Außerdem existiert für jede beliebige Zusammenstellung von Primzahlpotenzinvarianten eine abelsche Gruppe (abstrakte Konstruktion des direkten Produkts nach dem Schema der Existenzbeweise in **1**, §§ 3, 4). — Resultat für p^ν: Anzahl s_ν der Zerlegungen von ν in positive ganze Summanden ohne Berücksichtigung der Reihenfolge; für n: Produkt der s_{ν_i}.

19. Welches sind die Primzahlpotenzinvarianten der Additionsgruppe des Restklassenrings mod. $f(x)$, wo $f(x)$ ein Polynom vom Grade n über dem Restklassenkörper P_p ist?

Man wende Satz 27 [26] an. [Konkrete Konstruktion von abelschen Gruppen vom Typus $(p, \ldots, p)$].

20. Man beweise im Anschluß an Aufg. 16: Eine abelsche Gruppe $\mathfrak{G}$ der Ordnung n ist dann und nur dann zyklisch, wenn für jeden Primteiler p von n die Gleichung $X^p \doteq E$ in $\mathfrak{G}$ genau p Lösungen hat.

§ 4. Primintegritätsbereiche, Primkörper, Charakteristik.

1. Es sei B ein Ring mit Einselement e (nicht notwendig ein Integritätsbereich — es können also echte Nullteiler vorkommen). Man beweise: Die ganzen Vielfachen von e bilden einen Teilring B_0 von B, der zum Restklassenring Γ_f nach

einem durch B eindeutig bestimmten ganzen $f \geqq 0$ isomorph ist. B_0 ist der engste Teilring (Durchschnitt aller solchen) von B (f Charakteristik von B; B_0 Primring von B).

Die Beweise von Satz 38—40 übertragen sich ohne weiteres auf den Fall eines Rings mit Einselement.

2. Man übertrage auch Satz 42 auf diesen Fall.

Natürlich sind von den Teilringen nur solche mit Einselement in Betracht zu ziehen.

3. Es sei I einer der Integritätsbereiche $\Gamma[x_1, \ldots, x_n]$ oder $K[x, x_1, \ldots, x_n]$ mit eindeutiger Primzerlegung (§ 2, Aufg. 27) und p ein Primelement aus I. Der Restklassenring I_p von I nach p ist dann jedenfalls ein Integritätsbereich (für $n \geqq 1$ nicht notwendig ein Körper). Welche Möglichkeiten bestehen für die Charakteristik von I_p?

Für $K[x, x_1, \ldots, x_n]$ ist die Charakteristik von I_p stets gleich der Charakteristik von K. Für $\Gamma[x_1, \ldots, x_n]$ hat I die Charakteristik 0. Man hat dann zu unterscheiden, ob das Primelement p schon zu Γ gehört (eine gewöhnliche Primzahl ist) oder nicht.

4. Man beweise in Verallgemeinerung von Satz 44: In Bereichen der Charakteristik p gilt die Rechenregel

$$\left(\sum_{k=1}^{n} a_k\right)^{p^\mu} = \sum_{k=1}^{n} a_k^{p^\mu}$$

für jedes natürliche μ. — Man führe den Beweis a) durch vollständige Induktion nach μ, b) durch direkten Nachweis der Teilbarkeit der Binomialkoeffizienten

$\binom{p^\mu}{\nu}$ $(\nu = 1, \ldots, p^\mu - 1)$ durch p.

Für den letzteren Beweis beachte man die Formel

$$\binom{p^\mu}{\nu} = \frac{p^\mu}{\nu}\binom{p^\mu - 1}{\nu - 1}.$$

5. Man beweise entsprechend allgemein die Gültigkeit der Kongruenz

$$\binom{m}{n} \equiv 0 \text{ mod. } p^{\mathrm{Max}\,(0,\,\mu-\nu)},$$

wo p^μ und p^ν die höchsten in m und n aufgehenden Potenzen der Primzahl p sind.

6. In Bereichen der Charakteristik p ergibt sich für die p-te Potenz einer Differenz $a_1 - a_2$ nach Satz 44 formal zunächst

$$(a_1 - a_2)^p = (a_1 + (-a_2))^p = a_1^p + (-1)^p a_2^p.$$

Man mache sich klar, daß das auch für $p = 2$ im Einklang steht mit der im Anschluß an Satz 44 allgemein bewiesenen Rechenregel

$$(a_1 - a_2)^p = a_1^p - a_2^p.$$

7. Man beweise: Ist a ein Element aus einem Körper K von Primzahlcharakteristik p, so besitzt die Gleichung $x^{p^\mu} = a$ in K höchstens eine Lösung, die dann daher eindeutig als $\sqrt[p^\mu]{a}$ bezeichnet werden kann.

Man setze zwei Lösungen α_1, α_2 an und wende auf ihre Differenz Aufg. 4 an.

8. Man beweise, daß im Primkörper P_p jedes Element a für jedes natürliche μ eine p^μ-te Wurzel besitzt. Wie lautet sie?

Man wende Satz 29 [29] an.

9. Man beweise, daß im Körper $\mathsf{P}_p(x)$ das Element x keine p-te Wurzel besitzt.

Das folgt aus § 1, Aufg. 32.

10. Man beweise: Existieren in einem Körper K von Primzahlcharakteristik p die p^μ-ten Wurzeln aus den Elementen $a_1, \ldots, a_n$, so existiert auch die p^μ-te Wurzel aus $\sum_{k=1}^{n} a_k$, und es gilt

$$\sqrt[p^\mu]{\sum_{k=1}^{n} a_k} = \sum_{k=1}^{n} \sqrt[p^\mu]{a_k}.$$

Das ist sozusagen die Verallgemeinerung der Regel in Aufg. 4 auf negative μ. Man bestätigt es leicht durch Anwendung jener Regel auf die rechte Seite der behaupteten Formel.

11. Für **1**, Satz 70 [128] wurde anschließend an den allgemein gültigen Beweis mittels des Laplaceschen Entwicklungssatzes ein zweiter Beweis gegeben, der nur für Körper

mit von 2 verschiedener Charakteristik funktioniert. Der Gedanke dieses Beweises läßt sich aber nach Rychlík auch für Körper K der Charakteristik 2 ausnutzen, wenn man folgenden Umweg einschlägt: Man betrachte eine n-reihig quadratische Matrix $X = (x_{ik})$ aus $n^2 - n$ Unbestimmten x_{ik} über Γ, in der zwei Zeilen mit denselben Unbestimmten besetzt sind ($x_{i_1 k} = x_{i_2 k}$ für $k = 1, \ldots, n$), gehe vom Integritätsbereich $\Gamma[x_{11}, \ldots, x_{nn}]$ zum Restklassenintegritätsbereich $P_2[x_{11}, \ldots, x_{nn}]$ nach dem Primelement 2 über (vgl. die Erl. zu § 2, Aufg. 23), fasse diesen als Teilbereich des Integritätsbereiches $K[x_{11}, \ldots, x_{nn}]$ auf und gehe in dem letzteren durch das Einsetzungsprinzip zu einer Matrix A aus K über. — Man führe diesen Gedankengang im einzelnen durch.

Der springende Punkt ist die Gültigkeit der Behauptung im Integritätsbereich $\Gamma[x_{11}, \ldots, x_{nn}]$ der Charakteristik 0 und die Tatsache, daß $P_2[x_{11}, \ldots, x_{nn}]$ von hier aus als Restklassenintegritätsbereich darstellbar ist, wobei natürlich der Null von $\Gamma[x_{11}, \ldots, x_{nn}]$ die Nullrestklasse, also die Null von $P_2[x_{11}, \ldots, x_{nn}]$ entspricht.

12. Man beweise nach demselben Schema im Anschluß an **1**, § 19, Aufg. 5: Ist A eine solche schiefsymmetrische Matrix ungerader Reihenzahl n in einem Körper K der Charakteristik 2, bei der alle Hauptdiagonalglieder $a_{ii} = 0$ sind, so ist $|A| = 0$. Man mache sich durch ein Gegenbeispiel klar, daß die Voraussetzung über die Hauptdiagonalglieder a_{ii} wesentlich ist.

Für das letztere genügt schon $n = 1$.

13. Man beweise im Anschluß an **1**, § 21, Aufg. 6: Ist $X = (x_{ik})$ eine solche schiefsymmetrische Matrix gerader Reihenzahl n über einem Körper K der Charakteristik 2, bei der alle Hauptdiagonalglieder einander gleich sind, also

$$x_{ii} = x, \quad x_{ik} = - x_{ki} = x_{ki} \quad (i > k),$$

so ist wieder $|X| = f^2$ mit einer ganzen rationalen Funktion f der x_{ik} über K. — Man mache sich durch ein Gegenbeispiel klar, daß die Voraussetzung über die Hauptdiagonalglieder x_{ii} wesentlich ist.

Man wende **1**, § 19, Aufg. 6 auf die Zerlegung $X = xE_n + X_0$ an und berücksichtige für die Hauptunterdeterminanten von X_0 **1**, § 19, Aufg. 5 und **1**, § 21, Aufg. 6. Die Behauptung folgt dann aus Satz 44. Für ein Gegenbeipsiel genügt schon $n = 2$.

14. Es bedeute e das Einselement des Primkörpers P_p, so daß ke $(k = 0, 1, \ldots, p-1)$ dessen sämtliche p Elemente sind. Eine Permutation $Q = \begin{pmatrix} k \\ q_k \end{pmatrix}$ der p Ziffern k kann dann auch als Permutation der p Elemente ke von P_p gedeutet und dementsprechend in der Form $Q = \begin{pmatrix} ke \\ q_k e \end{pmatrix}$ dargestellt werden. Insbesondere hat so der p-gliedrige Zyklus $P = (0\,1 \ldots p-1)$ $= \begin{pmatrix} 0\,1 \ldots p-1 \\ 1\,2 \ldots 0 \end{pmatrix}$ die einfache Darstellung $P = \begin{pmatrix} ke \\ (k+1)e \end{pmatrix}$. — Man beweise die Tatsachen:

a) P ist mit Q vertauschbar dann und nur dann, wenn $Q = P^{\nu}$ eine Potenz von P ist.

b) Ist P nicht mit Q vertauschbar, so sind die p Permutationen $P^{-\nu} Q P^{\nu}$ $(\nu = 0, 1, \ldots, p-1)$ alle voneinander verschieden.

Zu a). Man berechne $P^{-1}QP$ und deute die Forderung $P^{-1}QP = Q$ unter Verwendung der angegebenen Darstellungsformen für P und Q.

Zu b). Die mit Q vertauschbaren Elemente der Periode $\mathfrak{P}$ von P bilden eine Untergruppe der Gruppe $\mathfrak{P}$, und $\mathfrak{P}$ hat die Primzahlordnung p.

15. Man berechne, von der Definitionsformel (**1**, Def. 38 [113]) ausgehend, die Determinante der Matrix

$$A = \begin{pmatrix} a_0 & a_1 & \cdots & a_{p-1} \\ a_{p-1} & a_0 & \ddots & \\ & \ddots & \ddots & \\ & & \ddots & a_1 \\ a_1 & \cdots & a_{p-1} & a_0 \end{pmatrix},$$

oder unter Verwendung der in Aufg. 14 eingeführten „Indizierung mod. p“ kurz

$$A = (a_{(k-i)_e}) \quad (i, k = 0, 1, \ldots, p-1),$$

(p-reihige Zyklante), wo die a_i Elemente eines Körpers K von der Primzahlcharakteristik p seien [1]).

Die angeführte Determinantendefinitionsformel ergibt:

$$|A| = \sum_Q \operatorname{sgn} Q \, a_{(q_0-0)_e} \cdots a_{(q_{p-1}-(p-1))_e},$$

erstreckt über alle p-gliedrigen Permutationen

$$Q = \begin{pmatrix} k_e \\ q_{k\,e} \end{pmatrix} \quad (k = 0, 1, \ldots, p-1).$$

Man fasse hierin immer alle solchen Glieder zusammen, deren Q durch Transformation mit Potenzen des Zyklus $P = \begin{pmatrix} k_e \\ (k+1)_e \end{pmatrix}$ zusammenhängen, und wende Aufg. 14, sowie nachher Satz 44 an.

16. Man beweise ohne diesen Aufwand jedenfalls das hieraus folgende Teilresultat: Die Determinante der p-gliedrigen Zyklante aus p Unbestimmten x_i über einem Körper der Primzahlcharakteristik p ist durch $x_0 + \cdots + x_{p-1}$ teilbar.

Man wende **1**, Satz 71, Zusatz [130] an. — Dieser Beweis und somit die ausgesprochene Behauptung ist sowohl von der Voraussetzung über die Charakteristik von K als auch überhaupt von der Primzahleigenschaft der Reihenzahl p unabhängig.

2, II. Die Wurzeln algebraischer Gleichungen.

§ 5. Wurzeln und Linearfaktoren.

1. Man beweise, daß das Polynom $x^p - x$ in jedem Körper der Charakteristik p in p Linearfaktoren zerlegbar ist. Wie lautet die Zerlegung?

Man wende Satz 48 und Satz 29 [29] an.

2. Man beweise die Kongruenz $(p-1)! \equiv -1 \mod p$ für jede Primzahl p (Wilsonscher Satz).

Man wende Aufg. 1 an.

3. Es sei p eine Primzahl und d ein Teiler von $p-1$. Wieviele Wurzeln hat das Polynom $x^d - e$ in einem Körper der Charakteristik p?

---

1) Für von p verschiedene Charakteristik und für beliebige Reihenzahlen n siehe die späteren Aufg. 19, 20 zu § 10, sowie Aufg. 16 zu § 20.

Man beachte $x^d - e \mid x^{p-1} - e$ und wende Aufg. 1, die Eindeutigkeit der Primzerlegung und Satz 51 an.

4. Höchstens wie viele von diesen Wurzeln haben — als Elemente der Multiplikationsgruppe des Primkörpers P_p betrachtet — die genaue Ordnung d?

Man unterscheide die beiden Fälle, a) daß überhaupt keins, b) daß mindestens ein solches Element vorhanden ist, und wende im letzteren Falle Satz 37 [34] an.

5. Man folgere hieraus mittels § 2, Aufg. 19, daß die Eventualität a) für keinen Teiler d von $p-1$ zutrifft.

Man zähle, ganz analog zu § 2, Aufg. 19, hier alle $p-1$ von Null verschiedenen Elemente von P_p nach ihren Ordnungen in der Multiplikationsgruppe geordnet auf.

6. Welche Folgerung ergibt sich hieraus für den Typus der Multiplikationsgruppe von P_p, oder also der Gruppe $\mathfrak{P}_p$ der primen Restklassen mod. p?[1])

Man setze in Aufg. 5 speziell $d = p-1$.

7. Man leite diese Folgerung auch kürzer direkt aus Aufg. 3 nach § 3, Aufg. 20 her.

8. Man zeige durch ein Gegenbeispiel, daß Satz 48 nicht mehr allgemein gilt, wenn statt der Körper Ringe zugrunde gelegt werden.

Es genügt, einen Ring B zu nehmen, der echte Nullteiler hat, etwa den Restklassenring Γ_f nach einer von 0, 1 und Primzahlen verschiedenen natürlichen Zahl f (Satz 28 [27]). Sind a und b zwei verschiedene komplementäre echte Nullteiler aus B, so findet man leicht ein Polynom vom Grade 2 mit den drei verschiedenen Wurzeln $a, b, 0$ in B. — Für welches natürliche f mit den angegebenen Eigenschaften geht das allein nicht?

9. Es sei M der nichtkommutative Ring aller n-reihig quadratischen Matrizen aus K (**1**, § 10, Aufg. 4, 5), der in Gestalt der Diagonalmatrizen aE einen zu K isomorphen Teilkörper enthält, und $\mathsf{M}[x]$ der nichtkommutative Ring

[1]) Man vergleiche diesen elementaren Beweis auch mit dem später aus der abstrakten Körpertheorie gewonnenen im Bew. zu Satz 122 [132], sowie mit dem anschließend in Aufg. 7 aus dem Fundamentalsatz für endliche abelsche Gruppen gewonnenen.

aller n-reihig quadratischen Matrizen aus $\mathsf{K}[x]$, der in Gestalt der Diagonalmatrizen $f(x)E$ einen zu $\mathsf{K}[x]$ isomorphen Teilintegritätsbereich enthält. Man beweise, daß das charakteristische Polynom $f(x) \equiv |xE - A|$ von A, oder vielmehr das ihm isomorph zugeordnete Polynom $f(x)E$ aus $\mathsf{M}[x]$, die charakteristische Matrix $xE - A$ von A als Linearfaktor hat.

Man wende **1**, § 19, Aufg. 12 mit $\nu = 1$ auf die charakteristische Matrix von A an.

10. Auf Grund der hiermit gewonnenen Relation der Form $f(x)E \equiv (xE - A)F(x)$ mit einer Matrix $F(x)$ aus $\mathsf{M}[x]$ beweise man, daß das charakteristische Polynom $f(x) \equiv |xE - A|$ von A, oder vielmehr das ihm isomorph zugeordnete Polynom $f(x)E$ aus $\mathsf{M}[x]$, die Matrix A zur Wurzel hat; d. h. $f(A) = 0$, wenn festgesetzt wird, daß bei der Einsetzung von $x = A$ in $f(x)$ im von x freien Glied formal $x^0 = A^0 = E$ einzusetzen ist.

Da es sich um einen nichtkommutativen Ring handelt, darf nicht ohne weiteres $x = A$ eingesetzt werden. Diese Einsetzung bedarf vielmehr der Rechtfertigung. Dazu verwende man § 1, Aufg. 44.

11. Man verschärfe Satz 49 dahin, daß es in der Menge sogar unendlich viele Elementsysteme mit der fraglichen Eigenschaft gibt, von denen je zwei kein Element gemeinsam haben.

Man wende Satz 49 auch auf die ebenfalls unendliche Menge M' an, die durch Weglassung von $a_1, \ldots, a_n$ aus M entsteht, usw.

12. Es seien A und B zwei n-reihig quadratische Matrizen aus einem unendlichen Körper K, von denen bekannt sei, daß sie in einem Erweiterungskörper Λ von K ähnlich sind (**1**, § 21, Aufg. 18), daß also eine n-reihig quadratische reguläre Matrix Π in Λ existiert, derart, daß $\Pi^{-1}A\Pi = B$ ist. Man beweise, daß dann A und B auch in K ähnlich sind. — Man fasse dazu die Ähnlichkeitstransformation zwischen A und B in der Form $A\Pi - \Pi B = 0$ als lineares homo-

genes Gleichungssystem für die Koeffizienten von Π auf, bei dem die Nebenbedingung $|\Pi| \neq 0$ besteht, und weise nach, daß dann auch eine Lösung P in K vorhanden ist, die der Nebenbedingung $|P| \neq 0$ genügt.

Der Beweis beruht einerseits auf 1, Satz 84 [149], andrerseits — zur Bewältigung der Nebenbedingung — auf Satz 49. Als Unbestimmte in der Rolle aus Satz 49 nehme man die in der allgemeinen Lösung des linearen Gleichungssystems frei verfügbaren Elemente.

13. Das Polynom $f(x) \equiv x^n + a_1 x^{n-1} + \cdots + a_n$ aus K zerfalle im Erweiterungskörper Λ von K in Linearfaktoren:

$$f(x) \equiv (x - \alpha_1) \cdots (x - \alpha_n).$$

Welche Formeln drücken die Koeffizienten $a_1, \ldots, a_n$ durch die Wurzeln $\alpha_1, \ldots, \alpha_n$ aus (Vietasche Formeln)?

14. Welchen Grad hat für ein Polynom $f(x)$ vom Grade n das zu $(c + dx)^n f\left(\frac{a + bx}{c + dx}\right)$ $(ad - bc \neq 0)$ assoziierte Polynom, und wie lauten unter der Voraussetzung von Aufg. 13 seine Wurzeln?

Man gehe nicht dadurch an einer Pointe der Aufgabe vorüber, daß man vorkommende Buchstabenausdrücke unberechtigterweise als von Null verschieden voraussetzt.

15. Man gebe je eine linear gebrochene Substitution[1])

$$x \rightarrow \frac{a + bx}{c + dx} \quad (ad - bc \neq 0)$$

im Körper K an, durch deren Anwendung (im Sinne von Aufg. 14) $f(x)$ in ein Polynom übergeht, in dem a) das Glied mit x^{n-1}, b) das Glied mit x fehlt. Geht das stets?

Sehr rasch erledigen sich die Fälle $a_1 = 0$ und $a_{n-1} = 0$. Ist nun die Charakteristik von K eine nicht in n aufgehende Primzahl, so erreicht man das Ziel bereits mit einer Substitution der Form $x \rightarrow x - a$ bei a) und $x \rightarrow \frac{1}{x} - a$ bei b). Im anderen Falle geht es dann und nur dann, wenn eine von den Wurzeln α_i von $f(x)$ verschiedene Wurzel b von $f'(x)$ in K vorhanden ist, und zwar

[1]) Dazu zählen speziell die linearen ganzen Substitutionen ($d = 0$ und dann ohne Einschränkung $c = e$).

dann für a) mit $x \to \frac{1}{x} + b$ und für b) mit $x \to x + b$. Im Falle b) ist zudem $a_n \neq 0$ zu fordern.

16. Man beweise: Hat das Polynom $f(x)$ mit ganzen rationalen Koeffizienten eine rationale Wurzel α, so ist α sogar ganz.

Man setze α in reduzierter Quotientendarstellung an, schaffe den Nenner fort und wende Satz 23 [22] an.

17. Man verallgemeinere dies Resultat auf $\Gamma[x_1, \ldots x_n]$ und $K[x_1, \ldots, x_n]$ statt des Koeffizientenintegritätsbereichs Γ und eine im Quotientenkörper vorausgesetzte Wurzel α.

Der Fundamentalsatz von der eindeutigen Primzerlegung gilt auch in dieser Allgemeinheit (§ 2, Aufg. 27), also auch Satz 23 [22].

18. Man beweise: Ein Polynom mit ganzen rationalen Zahlkoeffizienten, dessen von x freies Glied a_n eine Primzahl ist, hat höchstens drei verschiedene rationale Wurzeln.

Man kombiniere Aufg. 13 und Aufg. 16.

19. Welche Aussage kann über den Nenner einer rationalen Wurzel eines rationalzahligen Polynoms $f(x)$ gemacht werden?

Man führe $f(x)$ durch eine geeignete lineare Substitution $x \to ax$ in ein ganzzahliges Polynom über.

20. Welche rationalen Wurzeln hat das Polynom

$$x^6 + \frac{49}{30}x^5 + \frac{17}{15}x^4 + \frac{1}{30}x^3 - \frac{17}{30}x^2 - \frac{1}{15}x + \frac{1}{30}?$$

§ 6. Mehrfache Wurzeln, Ableitung.

1. Man beweise die Gültigkeit der sog. Kettenregel der Analysis:

$$f(g(x))' \equiv f'(g(x))g'(x)$$

für g. r. Fkt. über einem Körper K.

Der Beweis ergibt sich formal aus (1.) und (2.), indem man die Darstellung

$$f(g(x)) \equiv a_0 + a_1 g(x) + \cdots + a_n g(x)^n$$

zum Ausgang nimmt.

2. Man entwickle die Theorie der Ableitung auch für gebrochene r. Fkt. $\varphi(x)$ über K, d. h. im Körper $K(x)$, indem

man, etwa von der reduzierten Quotientendarstellung $\varphi = \frac{f}{g}$ ausgehend, $\varphi' = \frac{f'g - fg'}{g^2}$ definiert und die Regeln

$$\text{(a.)} \qquad (\varphi \pm \psi)' = \varphi' \pm \psi',$$
$$\text{(b.)} \qquad (\varphi\psi)' = \varphi'\psi + \varphi\psi',$$
$$\text{(c.)} \qquad \left(\frac{\varphi}{\psi}\right)' = \frac{\varphi'\psi - \varphi\psi'}{\psi^2},$$
$$\text{(d.)} \qquad \varphi(\psi(x))' \equiv \varphi'(\psi(x))\,\psi'(x)$$

beweist. Man übertrage auch Satz 55 auf obige Definition von φ'.

Als bequemes Hilfsmittel für diese Beweise leite man zunächst die Unabhängigkeit der angegebenen Ableitungsdefinition von der Reduziertheit der Quotientendarstellung von φ her. Dann ergeben sich (a.) — (d.) durch leichte Rechnung aus (1.), (2.) und Aufg. 1. Insbesondere für (d.) erweitere man zuvor Zähler und Nenner von φ mit einer geeigneten Potenz des Nenners von ψ.

3. Man beweise die Regel

$$\frac{(\varphi_1 \cdots \varphi_n)'}{\varphi_1 \cdots \varphi_n} = \frac{\varphi_1'}{\varphi_1} + \cdots + \frac{\varphi_n'}{\varphi_n}$$

zur Ableitung eines Produkts aus n Faktoren (logarithmische Ableitung).

Man wende vollständige Induktion nach n an.

4. Die Theorie der (ersten) Ableitung $\varphi'(x)$ in $\mathsf{K}(x)$ statuiert implizite auch die Theorie der höheren Ableitungen $\varphi''(x) \equiv (\varphi'(x))', \ldots$ und auch die Theorie der partiellen Ableitungen in $\mathsf{K}(x_1, \ldots, x_n)$: $\varphi_{x_i}(x_1, \ldots, x_n)$ entsteht, indem man die Ableitung von $\varphi(x_1, \ldots, x_n)$ als Element von $\mathsf{K}_i(x_i)$ bildet, wo $\mathsf{K}_i = \mathsf{K}(x_1, \ldots, x_{i-1}, x_{i+1}, \ldots, x_n)$ ist; $\varphi_{x_i x_k}(x_1, \ldots, x_n) \equiv \varphi_{x_i}(x_1, \ldots, x_n)_{x_k}, \ldots$ — Man beweise die hier hinzukommende Regel von der Vertauschbarkeit der Ableitungsfolge:

$$\varphi_{x_i x_k} = \varphi_{x_k x_i}.$$

Man reduziere das nach den zur Verfügung stehenden formalen Ableitungsregeln auf die einfachen Fälle $\varphi(x_1, \ldots, x_n) \equiv a$ oder $\equiv x_i$.

5. Man beweise für eine g. r. Fkt. $f(x)$ vom Grade n in einem Körper der Charakteristik 0 (oder auch einer Primzahlcharakteristik $> n$) die Taylorsche Formel:

$$f(x) \equiv f(\alpha) + \frac{f'(\alpha)}{1!}(x-\alpha) + \cdots + \frac{f^{(n)}(\alpha)}{n!}(x-\alpha)^n.$$

Man reduziere das mittels der Regel (1.) auf den einfachen Fall $f(x) \equiv x^k$. Hier ist es aus der bekannten Entwicklung von $x^k \equiv (\alpha + (x-\alpha))^k$ nach dem binomischen Satz zu entnehmen.

6. Man beweise unter den gleichen Voraussetzungen: Ist α eine ν-fache Wurzel von $f(x)$, so gilt

$$f(\alpha) = \cdots = f^{(\nu-1)}(\alpha) = 0, \quad f^{(\nu)}(\alpha) \neq 0$$

und umgekehrt. α ist dann also $(\nu - \varrho)$-fache Wurzel von $f^{(\varrho)}(x)$ $(0 \leqq \varrho \leqq \nu)$.

7. Man beweise, daß auch in einem Körper K einer Primzahlcharakteristik $\leqq n$ jedenfalls die $\nu-1$ ersten Ableitungen von $f(x)$ für eine ν-fache Wurzel α von $f(x)$ Null sind.

Man kommt direkt, durch $(\nu-1)$-malige Differentiation der Relation $f(x) \equiv (x-\alpha)^\nu \varphi(x)$ zum Ziel.

8. Wie muß die Taylorsche Formel (Aufg. 5) geschrieben werden, damit sie ohne die Einschränkung über die Charakteristik von K gilt?

Man führe an Stelle der Ableitungen $f^{(\nu)}(x)$ von $f(x) \equiv \sum_{k=1}^{n} a_k x^k$ die bei der Charakteristikeinschränkung mit $\frac{1}{\nu!} f^{(\nu)}(x)$ identischen Bildungen

$$f_\nu(x) \equiv \sum_{k=1}^{n} \binom{k}{\nu} a_k x^{k-\nu}$$

ein und bestätige die Gültigkeit der so entstehenden Formel mittels des binomischen Satzes. Man kann auch wieder analog wie in § 4, Aufg. 11, 12 von der Charakteristik 0 zu einer Primzahlcharakteristik übergehen.

9. Es sei f ein Polynom n-ten Grades über einem Körper K der Charakteristik 0 (oder einer Primzahlcharakteristik $> n$), und es zerfalle f über dem Erweiterungskörper Λ von K

in Linearfaktoren. Man beschreibe die Zerlegung in Linearfaktoren der Teiler

$$d_\nu = (f, f', \ldots, f^{(\nu)}) \qquad (\nu = 1, \ldots, n-1)$$

von f. Man zeige, daß dasselbe einfache Ergebnis nicht auch schon für $\bar{d}_\nu = (f, f^{(\nu)})$ $(\nu \geqq 2)$ gilt.

Man kann nach Aufg. 6 für jeden Linearfaktor $x - \alpha$ von f angeben, zu welcher Potenz er in d_ν vorkommt. Man beachte dazu insbesondere Satz 24 [23]. Zur Beantwortung der letzten Frage studiere man die Funktion $f(x) \equiv x^3 - x$ über P und beachte das Vorkommen der drei Linearfaktoren in f, f' und f''.

10. Unter den gleichen Voraussetzungen sei φ_ν das Produkt der verschiedenen unter den (genau) ν-fachen Linearfaktoren von f [$\varphi_\nu = e$, falls keine ν-fachen Linearfaktoren vorhanden]. Es ist dann also

$$f = \varphi_1 \varphi_2^2 \cdots \varphi_n^n .$$

Die φ_ν sind jedenfalls Polynome über Λ. Man beweise, daß sie sogar Polynome über K sind.

Sie lassen sich einfach durch die d_ν aus Aufg. 9 darstellen.

11. Man beweise unter den gleichen Voraussetzungen, daß das Produkt φ der verschiedenen unter den sämtlichen Linearfaktoren von f ein Polynom über K ist.

φ läßt sich einfach durch die φ_ν aus Aufg. 10 und somit auch durch die d_ν aus Aufg. 9 darstellen. Man gebe insbesondere die letztere Darstellung an.

12. Wie lautet das Produkt der verschiedenen Linearfaktoren der Polynome

$$x^7 - 4x^5 + 3x^4 + 4x^3 - 12x^2 + 12 \text{ in P},$$
$$x^{11} + 11x^{10} + 2x^9 + 10x^8 + 2x^7 + 2x^4 + 10x^3 + 2x^2 + 11x + 1 \text{ in } \mathrm{P}_{13}$$

und wie die Zerlegung gemäß Aufg. 10?

13. Es sei $f(x) \equiv x^n + a_1 x^{n-1} + \cdots + a_n$ ein Polynom n-ten Grades aus einem **beliebigen** Körper K, das in einem Erweiterungskörper Λ von K in Linearfaktoren zerfällt:

$$f(x) \equiv (x - \alpha_1) \cdots (x - \alpha_n).$$

Man beweise die Formel

$$\sum_{i=1}^{n} \frac{f(x)}{x-\alpha_i} \equiv f'(x).$$

Man wende logarithmische Ableitungsbildung an (Aufg. 3).

14. Nach Satz 47 [40] ist stets $x-\alpha \mid f(x)-f(\alpha)$. Wie drückt sich der Quotient aus

a) in seiner Normaldarstellung als g. r. Fkt. von $x-\alpha$,
b) in seiner Normaldarstellung als g. r. Fkt. von x?

Für a) wende man Aufg. 5 bzw. 8 an; für b) führe man die Funktionen $g_\nu(x) \equiv x^\nu + a_1 x^{\nu-1} + \cdots + a_\nu (\nu = 0, \ldots, n-1)$ ein.

15. Unter der Voraussetzung von Aufg. 13 berechne man mittels der in Aufg. 13, 14 b) gefundenen Formeln $f'(x)$ auf eine weitere Art, nämlich

$$f'(x) \equiv \sum_{i=1}^{n} (x^{n-1} + g_1(\alpha_i)\, x^{n-2} + \cdots + g_{n-1}(\alpha_i)),$$

und leite daraus ein System von $n-1$ Formeln für die sog. Potenzsummen

$$s_\nu = \sum_{i=1}^{n} \alpha_i^\nu \quad (\nu = 1, \ldots, n-1)$$

der Wurzeln α_i von $f(x)$ her (Newtonsche Formeln).

16. Die Newtonschen Formeln gestatten, durch rekursive Auflösung nach den s_ν diese Potenzsummen als g. r. Fkt. der Koeffizienten a_ν mit ganzzahligen Koeffizienten (oder richtiger mit Koeffizienten aus dem Primintegritätsbereich Γ oder P_p von K) darzustellen. Außer $s_0 = n$, $s_1, \ldots, s_{n-1}$ gibt es nun auch die Potenzsummen s_n, $s_{n+1}, \ldots$, und falls $a_n \neq 0$, d. h. alle $\alpha_i \neq 0$, auch die Potenzsummen $s_{-1}, s_{-2}, \ldots$ Man vervollständige das System der Newtonschen Formeln nach beiden Seiten zu einem Formelsystem, das gestattet, alle s_ν (rekursiv) mit ganzzahligen Koeffizienten durch die a_ν auszudrücken.

Man beachte die Relationen $\alpha_i^\nu f(\alpha_i) = 0$ für beliebiges $\nu \geqq 0$, und falls $\alpha_i \neq 0$, sogar für beliebiges ganzes ν.

17. Wie lauten die Potenzsummen für die Polynome a) $x^2 - a$, b) $x^{n-1} + x^{n-2} + \cdots + x + e$ über einem beliebigen Grundkörper K[1]).

Im Falle a) hat man zu unterscheiden, ob K die Charakteristik 2 hat oder nicht, im Falle b), ob die Charakteristik von K in n aufgeht oder nicht. Im Falle b) kann man entweder direkt vorgehen, oder — einfacher — beachten, daß die Potenzsummen von $x^n - e \equiv (x - e)(x^{n-1} + x^{n-2} + \cdots + x + e)$ durch Addition von e zu den gesuchten Potenzsummen entstehen.

18. Das Polynom $f(x)$ aus K zerfalle in einem Erweiterungskörper Λ von K in Linearfaktoren:

$$f(x) \equiv (x - \alpha_1) \cdots (x - \alpha_n).$$

Wie kann das Differenzenprodukt

$$d = \prod_{i<k} (\alpha_i - \alpha_k)^2 = (-1)^{\frac{n(n-1)}{2}} \prod_{i \neq k} (\alpha_i - \alpha_k)$$

der Wurzeln von $f(x)$ [Diskriminante von $f(x)$] a) durch eine Determinante, b) durch die Ableitung $f'(x)$ dargestellt werden?

Man beachte zu a) **1**, § 19, Aufg. 4, zu b) Aufg. 13.

19. Man leite aus der Darstellung der Diskriminante d von $f(x)$ als Quadrat einer Determinante [Aufg. 18, a)] eine Darstellung durch Potenzsummen der Wurzeln von $f(x)$ her. Welchem Körper gehört somit d an? Man berechne danach explizit die Diskriminanten der Polynome $x^2 + a_1 x + a_2$ und $x^3 + px + q$ über P.

Man wende die Determinantenmultiplikationsformel (**1**, § 19, Aufg. 7, 8) in geeigneter Weise an, außerdem dann die Newtonschen Formeln (Aufg. 15, 16).

20. Es seien n verschiedene Elemente $a_1, \ldots, a_n$ und n weitere Elemente $b_1, \ldots, b_n$ in K gegeben. Man beweise: Es gibt eine und nur eine g. r. Fkt. $g(x)$ von höchstens $(n-1)$-tem Grade über K, für die $g(a_i) = b_i$ $(i = 1, \ldots, n)$ ist (Interpolation von $g(x)$ aus den Werten b_i an den Stellen a_i).

[1]) Für die Voraussetzung, daß die Polynome in einem Erweiterungskörper Λ von K in Linearfaktoren zerfallen, siehe den späteren Satz 87 [73].

Die Forderungen bedeuten ein System von n linearen inhomogenen Gleichungen für die unbekannten Koeffizienten von $g(x)$, dessen Determinante nach **1**, § 19, Aufg. 4 bekannt ist.

21. In Verallgemeinerung der Formel aus Aufg. 13 beweise man die Formel

$$g(x) \equiv \sum_{i=1}^{n} \frac{g(\alpha_i)}{f'(\alpha_i)} \frac{f(x)}{x-\alpha_i}$$

(Lagrangesche Interpolationsformel), unter den Voraussetzungen: $f(x)$ ist ein Polynom n-ten Grades aus K, das in einem Erweiterungskörper Λ von K in n verschiedene Linearfaktoren $x-\alpha_i$ zerfällt, und $g(x)$ ist eine g. r. Fkt. von höchstens $(n-1)$-tem Grade über K.

Man stelle mittels Aufg. 13 fest, daß die rechte Seite der behaupteten Formel als Lösung einer Interpolationsaufgabe von dem in Aufg. 20 behandelten Typus aufgefaßt werden kann.

22. Man bestimme eine g. r. Fkt. über P von höchstens drittem Grade, die an den Stellen 1, 2, 3, 4 die Werte -3, 7, 35, 125 hat, a) nach der Methode von Aufg. 20, b) nach der Methode von Aufg. 22.

23. Man beweise für die Matrix $X \equiv (x_{ik})$ aus n^2 Unbestimmten x_{ik} über K die partiellen Ableitungsformeln

$$|X|_{x_{ik}} \equiv \xi_{ik} \text{ (Adjunkte zu } x_{ik} \text{ in } X).$$

Das folgt aus der Laplaceschen Entwicklung von $|X|$ nach der i-ten Zeile oder k-ten Spalte.

24. Man verallgemeinere diese Formeln zu

$$|X|_{x_{i_1k_1}\ldots x_{i_\nu k_\nu}} \equiv sgn\,\{i_1,\ldots,i_\nu\}\, sgn\,\{k_1,\ldots,k_\nu\} \cdot \xi_{\{i_1,\ldots,i_\nu\},\,\{k_1,\ldots,k_\nu\}}$$

für irgend zwei Kombinationen $\{i_1,\ldots,i_\nu\}$ und $\{k_1,\ldots,k_\nu\}$, die nicht notwendig in natürlicher Reihenfolge geordnet sind.

Das folgt entsprechend aus der Laplaceschen Entwicklung von $|X|$ nach der Zeilenkombination $\{i_1,\ldots,i_\nu\}$ oder der Spaltenkombination $\{k_1,\ldots,k_\nu\}$.

25. Der Beweis von Satz 44 [37] macht vom binomischen Satz und der expliziten Formel für die Binomialkoeffizienten Gebrauch. Man beweise die Regel $(a+b)^p = a^p + b^p$ in

Bereichen der Charakteristik p auf Grund von Satz 57 durch Betrachtung der g. r. Fkt. $f(x) \equiv (a + bx)^p - a^p - b^p x^p$.

Das zu $f(x)$ im Sinne von Satz 57 gehörige $f_0(x)$ mit $f(x) \equiv f_0(x^p)$ muß den Grad 0 haben. Die Einsetzung $x = 0$ bestimmt es daher vollständig, und die Einsetzung $x = e$ liefert die zu beweisende Formel.

26. Man beweise: Über einem vollkommenen Körper K sind die g. r. Fkt. f mit $f' = 0$ identisch mit den p-ten Potenzen der g. r. Fkt. über K.

Das folgt ohne weiteres aus Satz 57 und Satz 44 [37].

27. Man beweise: In einem vollkommenen Körper ist jedes irreduzible Polynom separabel.

Man beachte, daß f_0^p nicht irreduzibel ist, [und wende Satz 57 und Def. 17 an].

28. Für welche g. r. Fkt. f über einem Körper K von Primzahlcharakteristik p ist $f'' = 0$?

Notwendig und hinreichend ist auf Grund von Satz 57, daß $f(x)$ die Form $f_0(x^p) + x\,g_0(x^p)$ hat.

29. Für welche r. Fkt. φ über einem Körper K von Primzahlcharakteristik p ist $\varphi' = 0$?

Man gehe von der reduzierten Quotientendarstellung $\varphi = \frac{f}{g}$ aus und beachte, daß $g \mid g'$ nur für $g' = 0$ stattfindet.

30. Für welche g. r. Fkt. $f(x_1, \ldots, x_n)$ über einem Körper K von Primzahlcharakteristik p ist gleichzeitig $f_{x_1} = 0, \ldots, f_{x_n} = 0$?

Das folgt ohne weiteres aus Satz 57.

31. Es sei A eine n-reihig quadratische Matrix aus K Man beweise: Hat A den Rang ϱ, so hat das charakteristische Polynom $f(x) \equiv |\, xE - A \,|$ von A die Wurzel 0 mindestens in der Vielfachheit $n - \varrho$, speziell für $\varrho = n$ genau in der Vielfachheit $n - \varrho = 0$.

Man wende **1**, § 19, Aufg. 6 an.

32. Man zeige durch Angabe von Beispielen, daß die Vielfachheit ν der Wurzel 0 in Aufg. 31 für $0 \leqq \varrho \leqq n-1$ jeden der Werte $n - \varrho, \ldots, n$ haben kann.

Es genügt, für jedes $\nu = 1, \ldots, n$ und jedes $\varrho = n - \nu, \ldots, n-1$ eine Matrix A vom Range ϱ mit $f(x) \equiv |xE - A| \equiv x^{\nu}(x-e)^{n-\nu}$ zu konstruieren. Man setze eine solche Matrix etwa in der Form $A = \begin{pmatrix} A_{\nu} & 0 \\ 0 & E_{n-\nu} \end{pmatrix}$ an, erreiche die angegebene Form von $f(x)$ durch Nullen in und unterhalb der Hauptdiagonale von A_{ν} und den Rang ϱ für A [also $\varrho - (n-\nu)$ für A_{ν}] durch geeignet verteilte Einsen oberhalb der Hauptdiagonale von A_{ν} [1]).

33. Man beschreibe die Vielfachheit, mit der 0 Wurzel des charakteristischen Polynoms $f(x)$ von A ist, d. h. den höchsten Exponenten, zu dem die Primfunktion x in $f(x)$ aufgeht, durch die entsprechenden Vielfachheiten für die Determinantenteiler $d_{\nu}(x)$ und Elementarteiler $e_{\nu}(x)$ der charakteristischen Matrix $xE - A$ von A (§ 1, Aufg. 37). Welche Grenzen bestehen für diese Vielfachheiten?

Man beachte dazu, a) daß $f = d_n = e_1 \cdots e_n$ ist, b) daß d_{ν} höchstens den Grad ν hat, und c) daß $e_1 \,|\, \ldots \,|\, e_n$ ist.

34. Man gebe hiermit einen anderen Beweis für den Satz aus Aufg. 31.

Man beachte, daß für A vom Rang ϱ die Determinantenteiler $d_{\nu}(x)$ mit $\nu > \varrho$ die Wurzel 0 haben.

2, III. Die Körper der Wurzeln algebraischer Gleichungen.

§ 7. Allgemeine Theorie der Erweiterungen 1. Grundlegende Begriffe und Tatsachen.

1. Man mache sich klar, daß die in **1**, § 2, Aufg. 5 betrachteten Bereiche $\Gamma\,[\sqrt{a}]$ und $\mathrm{P}(\sqrt{a})$ und die in **1**, § 4, Aufg. 2, 4 betrachteten Bereiche $\mathrm{I}\,[f_0(x)]$ und $\mathrm{K}(\varphi_0(x))$ durch Adjunktion im Sinne von Def. 18 entstehen. Welcher Integritätsbereich bzw. Körper spielt dabei die Rolle des Hilfsbereichs Λ aus Def. 18?

In den jeweils ersten Fällen handelt es sich allgemeiner als in Def. 18 um Integritätsbereichadjunktion von einem Integritätsbereich aus.

[1]) Siehe dazu auch die späteren Aufg. 8, 9 zu § 10.

2. Durch welche simultane Adjunktion entsteht das in **1**, § 2, Aufg. 8 betrachtete Kompositum von $\mathsf{P}(\sqrt{a})$ und $\mathsf{P}(\sqrt{a'})$?

Man beachte die Bem. nach Satz 62.

3. Man beweise allgemein: $\mathsf{K}(\mathsf{M})$ ist das Kompositum der sämtlichen Körper $\mathsf{K}(\alpha)$, wo α alle Elemente von M durchläuft.

4. Es sei K_0 ein beliebiger Körper, $f_0(x_0)$ eine g. r. Fkt. von x_0 über K_0, $\mathsf{K} = \mathsf{K}_0(f_0(x_0))$ (**1**, § 4, Aufg. 4) und $\Lambda = \mathsf{K}_0(x_0)$. Ist das Element x_0 aus Λ algebraisch oder transzendent über K?

Man muß unterscheiden, ob $f_0(x_0)$ vom Grade 0 oder von positivem Grade ist. Im letzteren Falle ist x_0 Wurzel von $f_0(x) - f_0(x_0)$.

5. Es sei entsprechend $\mathsf{K} = \mathsf{K}_0(\varphi_0(x_0))$ mit einer beliebigen r. Fkt. $\varphi_0(x_0)$ von x_0 über K_0 und wieder $\Lambda = \mathsf{K}_0(x_0)$. Ist das Element x_0 aus Λ algebraisch oder transzendent über K?

Man muß wieder unterscheiden, ob $\varphi_0(x_0)$ vom Grade 0 oder von positivem Grade ist (§ 1, Aufg. 29).

6. Es sei a eine rationale Zahl $\neq 0$ und $\sqrt[3]{a}$ eine der drei im Körper aller komplexen Zahlen vorhandenen dritten Wurzeln aus a, und zwar a) die reelle, b) eine der beiden komplexen. Wie lautet das zu $\sqrt[3]{a}$ gehörige irreduzible Polynom in P?

Wenn a dritte Potenz einer rationalen Zahl ist, muß man die Fälle a) und b) unterscheiden. Man beachte dann die Irreduzibilität von $x^2 + x + 1$ in P (§ 1, Aufg. 11).

7. Es sei P_4 der Körper aus vier Elementen (**1**, § 1, Aufg. 8). Man beweise: P_4 ist einfach algebraisch über dem Primkörper P_2 und entsteht aus P_2 durch Adjunktion eines algebraischen Elements vom Grade 2. — Kann P_4 in der Form $\mathsf{P}_2(\sqrt{a})$ mit a aus P_2 dargestellt werden? Ist P_4 separabel über P_2? Von welchem Grade ist P_4 über P_2?

Man beachte § 2, Aufg. 21 und § 4, Aufg. 8, sowie Satz 67, 69.

8. Man beweise, daß der Körper $\mathsf{\Lambda}$ aller komplexen Zahlen über dem Körper K aller reellen Zahlen einfach algebraisch vom Grade 2 ist. Welches sind die primitiven Elemente von $\mathsf{\Lambda}$ über K?

Man stelle zunächst fest, daß $[\mathsf{\Lambda}:\mathsf{K}] = 2$ ist (Def. 25), und wende dann wieder Satz 67, 69 an.

9. Es sei a eine rationale Zahl, die nicht Quadrat einer rationalen Zahl ist. Welchen Grad hat der Körper $\mathsf{P}(\sqrt{a})$ über P? Welche Zahlen aus $\mathsf{P}(\sqrt{a})$ sind primitive Elemente von $\mathsf{P}(\sqrt{a})$? Welche von diesen sind Wurzeln reiner Gleichungen zweiten Grades (ohne Glied mit x)? Für welche rationalen Zahlen a' allein gilt daher $\mathsf{P}(\sqrt{a'}) = \mathsf{P}(\sqrt{a})$? Kommen darunter stets ganze Zahlen vor?

Man verwende die in **1**, § 2, Aufg. 5 erhaltene Darstellung der Zahlen aus $\mathsf{P}(\sqrt{a})$ und zeige ihre Eindeutigkeit. Dann ergibt sich alles leicht.

10. Es seien a und a' rationale Zahlen, die weder selbst rationale Quadrate sind, noch um einen rationalen quadratischen Faktor unterschieden sind. Welchen Grad hat der Körper $\mathsf{P}(\sqrt{a}, \sqrt{a'})$ über P?

Man verwende die in **1**, § 2, Aufg. 8 hergeleitete Darstellung der Zahlen aus $\mathsf{P}(\sqrt{a}, \sqrt{a'})$ jedenfalls zur oberen Abschätzung des gesuchten Grades. Dann folgt der genaue Grad (und somit die Eindeutigkeit dieser Darstellung) schon aus Satz 71, 72, 60 und dem Resultat von Aufg. 9.

11. Man übertrage Aufg. 9, 10 auf den Fall eines beliebigen Grundkörpers K statt P.

12. Welchen Inhalt haben diese Resultate insbesondere, falls K ein vollkommener Körper der Charakteristik 2 ist? Wie sehen vielmehr die irreduziblen Polynome zweiten Grades in K aus, durch Adjunktion von deren Wurzeln die Erweiterungen $\mathsf{\Lambda}$ vom Grade 2 eines solchen Körpers K zustande kommen?

Um die letzte Frage zu beantworten, beachte man, daß die Basis von $\mathsf{\Lambda}$ über K jedenfalls in der Form e, α angenommen werden kann, wo α ein beliebiges nicht zu K gehöriges Element aus $\mathsf{\Lambda}$ ist.

Durch eine lineare ganze Substitution (§ 5, Aufg. 15) kann man dann das zu α gehörige irreduzible Polynom zweiten Grades aus K auf den Typus $x^2 + x + a$ reduzieren.

13. Welches ist die notwendige und hinreichende Bedingung dafür, daß das Polynom $x^2 + x + a$ aus einem Körper K der Charakteristik 2 (nicht notwendig vollkommen) irreduzibel sei?

Man setze eine Zerlegung in zwei Linearfaktoren an und findet $a = u^2 + u$ mit u aus K als notwendig und hinreichend für die Reduzibilität.

14. Sei K ein Körper der Charakteristik 2 und $\Lambda = \mathsf{K}(\alpha)$, $\Lambda' = \mathsf{K}(\alpha')$ zwei Erweiterungen vom Grade 2, wobei α, α' Wurzeln der in K irreduziblen Polynome $x^2 + x + a$, $x^2 + x + a'$ sind. Welches ist die notwendige und hinreichende Bedingung dafür, daß $\Lambda' = \Lambda$ ist?

Man setze $\alpha' = u + v\alpha$ mit u, v aus K an und findet aus den beiden Gleichungen für α und α' die Bedingung $a' = a + u^2 + u$ mit u aus K als notwendig und hinreichend.

15. Man rechtfertige für die komplexen Zahlen $a + bi$ (a, b reelle Zahlen) die Bezeichnung: „$a - bi$ ist konjugiert zu $a + bi$" durch Unterordnung unter Def. 26.

Ist K der Körper aller reellen Zahlen, so ist $\Lambda = \mathsf{K}(i)$ der Körper aller komplexen Zahlen (Aufg. 8), und Λ besitzt einen durch die Zuordnung $i \longleftrightarrow \quad i$ erzeugten Isomorphismus bzgl. K [der jedes Element von K mit sich selbst in Beziehung setzt[1])].

16. Von welchem Grade über $\mathsf{K} = \mathsf{K}_0(f_0(x_0))$ ist der Körper $\Lambda = \mathsf{K}_0(x_0)$ aus Aufg. 4, wenn $f_0(x_0)$ einen Grad $n > 0$ hat?

Man stelle dazu zunächst fest, daß sich jedes Element $g(x_0)$ aus Λ eindeutig in der Form

$$g(x_0) \equiv \sum_{\mu=0}^{m} r_\mu(x_0)\, f_0(x_0)^\mu$$

mit g. r. Fkt. $r_\mu(x_0)$ von niedrigerem Grade als n und einem hinreichend hohen m darstellen läßt. Dazu führt ein dem Euklidischen Algorithmus (§ 1, E.) ähnlicher Algorithmus, bei dem die sukzes ive auftretenden Quotienten (nicht Reste) immer wieder durch

[1]) also Automorphismus bezgl. K ist; siehe die spätere Def. 33 [95].

$f_0(x_0)$ mit Rest dividiert werden. Hieraus folgt durch andere Gruppierung der Glieder eine ebenfalls eindeutige Darstellung von $g(x_0)$ durch eine Basis der Form x_0^ν mit K als Koeffizientenbereich, aus der nach Def. 25 der Grad $[\mathsf{\Lambda} : \mathsf{K}]$ abgelesen werden kann.

17. Es sei K ein endlicher Körper und P_p sein Primkörper, also p die Charakteristik von K. Man beweise, daß die Elementanzahl von K eine Potenz p^n von p ist. Welche Bedeutung hat dabei n[1])?

Man beachte, daß trivialerweise K über P_p von endlichem Grade n ist und setze demgemäß eine Basisdarstellung an.

§ 8. Stammkörper.

1. Man ordne die in § 2, Aufg. 20 ausgeführte Konstruktion von endlichen Körpern aus p^n Elementen dem allgemeinen Schema des Beweises von Satz 76 unter.

Siehe dazu schon den Spezialfall $p^n = 2^2$, der in § 7, Aufg. 7 behandelt wurde.

2. Man führe die Konstruktion des Körpers aller komplexen Zahlen vom Körper aller reellen Zahlen ausgehend nach dem Schema des Beweises von Satz 76 durch und vergleiche diese Konstruktion auch mit der aus der Analysis bekannten durch Paare reeller Zahlen mit bestimmten Gleichheits- und Verknüpfungsfestsetzungen.

Siehe dazu § 7, Aufg. 8, sowie die spätere Bemerkung am Schluß von § 11 [78]. — Die aus der Analysis bekannte Konstruktion erweist sich als formal identisch mit der Konstruktion nach dem Schema des § 8, wenn dort für die g. r. Fkt. wieder auf ihre vom algebraischen Standpunkt eigentliche Bedeutung als Elementsysteme des Grundkörpers mit bestimmten Gleichheits- und Verknüpfungsfestsetzungen zurückgegangen wird, wie sie in **1**, § 4 entwickelt wurde.

3. Es sei K ein unvollkommener Körper der Charakteristik p und a ein Element aus K, das in K keine p-te Wurzel besitzt. Man beweise:

a) Das Polynom $x^p - a$ ist irreduzibel in K.

---

[1]) Siehe hierzu auch die spätere allgemeine Theorie in § 20.

b) In einem Stammkörper Σ zu $x^p - a$ besitzt $x^p - a$ eine p-fache Wurzel.

Man mache sich klar, daß dies ein Gegenbeispiel gegen die Übertragbarkeit von § 6, Aufg. 27 auf unvollkommene Körper ist.

Man bilde einen Stammkörper und damit eine Wurzel α eines irreduziblen Faktors $g(x)$ von $x^p - a$ in K und beachte für b) einfach Satz 44 [37], für a), daß danach das von x freie Glied von $g(x)$ eine Potenz von α ist, und daß nach Voraussetzung α^p aber nicht α zu K gehört.

4. Man beweise allgemein: Ist K ein unvollkommener Körper der Charakteristik p, so ist für jedes irreduzible Polynom $f(x)$ der Form $f_0(x^p)$ (also jedes inseparable irreduzible Polynom) aus K die durch Konstruktion eines Stammkörpers Σ zu $f(x)$ gelieferte Wurzel α mindestens p-fach.

Man beachte, daß eine Wurzel α von $f(x)$ für $f_0(x)$ die Wurzel α^p, also den entsprechenden Linearfaktor in Σ liefert.

5. Man beweise: Das Gleichungssystem

$$\sum_{k=1}^{n} a_{ik} x_k \doteq \xi x_i \qquad (i = 1, \ldots, n)$$

für die Unbekannten $\mathfrak{x} = (x_i)$ und ξ mit einer beliebigen Matrix $A = (a_{ik})$ aus K ist in einem geeigneten Erweiterungskörper Λ von K nicht identisch (d. h. mit $\mathfrak{x} \neq 0$) lösbar.

Es genügt, Λ als Stammkörper Σ eines irreduziblen Faktors in K des charakteristischen Polynoms von A und ξ als eine Wurzel dieses Faktors in Σ zu nehmen.

§ 9. Allgemeine Theorie der Erweiterungen 2. Einfache und endliche algebraische Erweiterungen.

1. Es sei Λ a) einfach algebraisch, b) endlich algebraisch, c) von endlichem Grade über K. Von welcher Beschaffenheit ist $\Lambda(x)$ über $K(x)$?

Man beantworte zuerst c) durch den Nachweis, daß eine Basis von Λ bezgl. K auch Basis von $\Lambda(x)$ bezgl. $K(x)$ ist. Der wesentliche Punkt dabei ist die Übertragung der linearen Unabhängigkeit der Basis von K auf $K(x)$. Hierbei kann man die Koeffizienten ohne Einschränkung in $K[x]$ voraussetzen. Dann wende man die Eindeutigkeit der Normaldarstellung der Elemente aus $\mathsf{\Lambda}[x]$ an. Aus der gegebenen Antwort zu c) beantwortet sich b) ohne weiteres nach Satz 84, a) nach Satz 76.

2. Man gebe für Satz 82 einen direkten Beweis nach dem anschließend skizzierten Schema.

Ist $f(x)$ irreduzibel, $f(\alpha) = 0$ und $\varphi(\alpha) = \dfrac{h(\alpha)}{g(\alpha)}$ mit $(g, f) = e$, so kann man den Nenner $g(\alpha)$ mittels einer Relation $\bar{f}f + \bar{g}g = e$ beseitigen.

3. Man mache sich die formale Identität dieses Verfahrens mit dem üblichen Verfahren zur Beseitigung der Irrationalität aus dem Nenner bei Ausdrücken der Form $\dfrac{a + b\sqrt{u}}{c + d\sqrt{u}}$ klar, wo u ein nichtquadratisches Element aus K ist.

4. Man führe das Verfahren von Aufg. 2 für die Zahl $\dfrac{1}{\alpha^2 + \alpha + 1}$ durch, wo α Wurzel des Polynoms $x^3 + x + 3$ aus P ist. Man zeige zuvor auch die Irreduzibilität dieses Polynoms.

Diese folgt mittels des Resultats von § 5, Aufg. 16, 18.

5. Wie lautet für ein über K algebraisches Element α die Basisdarstellung im Sinne von Satz 74, (III.) [62] von $\dfrac{e}{\alpha}$?

Man beachte $f(0) \neq 0$ wegen der in Satz 74 vorausgesetzten Irreduzibilität von $f(x)$.

6. Ist das (in P irreduzible) Polynom $x^2 - 2$ auch im Körper $\mathsf{P}(\alpha)$ irreduzibel, wo α die Bedeutung aus Aufg. 4 hat?

Man wende Satz 81 an.

7. Man stelle die Zahl $\dfrac{1}{\alpha + \sqrt{2}}$ als g. r. Fkt. von α und $\sqrt{2}$ über P dar, wo α wieder die Bedeutung aus Aufg. 4 hat.

Man beseitige etwa zuerst $\sqrt{2}$, dann α aus dem Nenner, jedesmal nach dem Verfahren von Aufg. 2.

8. Es sei $f(x)$ ein irreduzibles Polynom vom Grade n mit ganzen rationalen Koeffizienten (Primpolynom aus $\Gamma[x]$)

und $g(x)$ eine g. r. Fkt. mit ganzen rationalen Koeffizienten (Element aus $\Gamma[x]$). Für eine Wurzel α von $f(x)$ sei $g(\alpha) = c_0 + c_1\alpha + \cdots + c_{n-1}\alpha^{n-1}$ die eindeutige Basisdarstellung im Sinne von Satz 74, (III.) [62]. Man beweise, daß die rationalen Zahlen $c_0, \ldots, c_{n-1}$ ganz sind.

Das Verfahren der Division von $g(x)$ durch $f(x)$ führt zu einem Rest $h(x)$ mit ganzen Koeffizienten.

9. Die Gradbestimmung in § 7, Aufg. 16 läßt sich auf Grund von Satz 77 auch dadurch ausführen, daß man den Grad des Elements x_0 aus $\mathsf{\Lambda} = \mathsf{K}_0(x_0)$ über dem Körper $\mathsf{K} = \mathsf{K}_0(f_0(x_0))$ bestimmt. Gemäß § 7, Aufg. 16 kommt das auf den Nachweis der Irreduzibilität von $f_0(x) - f_0(x_0)$ in K hinaus. Man erbringe diesen Nachweis auf Grund des Gaußschen Satzes (§ 2, Aufg. 24) und der in **1**, § 4, Aufg. 2, 4 festgestellten Isomorphismen.

Nach dem letztgenannten Resultat ist $t = f_0(x_0)$ transzendent über K_0 (Def. 21 [54]). Das als irreduzibel nachzuweisende Polynom in $\mathsf{K} = \mathsf{K}_0(t)$ ist $f_0(x) - t$. Man wende den Gaußschen Satz im Integritätsbereich $\mathsf{K}_0[t, x]$ auf eine hypothetische Zerlegung an.

10. Im Anschluß an § 7, Aufg. 5 bestimme man nunmehr analog auch den Grad des Elements x_0 aus $\mathsf{\Lambda} = \mathsf{K}_0(x_0)$ über dem Körper $\mathsf{K} = \mathsf{K}_0(\varphi_0(x_0))$ für eine beliebige r. Fkt. $\varphi_0(x_0)$ über K_0 von positivem Grade.

Ist $t = \varphi_0(x_0)$ und ist $\varphi_0 = \frac{f_0}{g_0}$ die reduzierte Quotientendarstellung von φ_0, so kommt das auf den Irreduzibilitätsnachweis für $f_0(x) - t g_0(x)$ in $\mathsf{K}_0(t)$ hinaus. Man wende wieder den Gaußschen Satz in $\mathsf{K}_0[t, x]$ an.

11. Man bilde zu Satz 78 je ein Beispiel eines über K separablen und eines über K inseparablen Elements α und bestätige daran die Beziehungen $\mathsf{K}(\alpha^p) = \mathsf{K}(\alpha)$ bzw. $\mathsf{K}(\alpha^p) < \mathsf{K}(\alpha)$.

Man muß natürlich von einem unvollkommenen Körper K ausgehen. Hierzu eignet sich schon $\mathsf{K} = \mathsf{P}_2(z)$ mit einem über P_2 transzendenten z (vgl. § 6 [49]). Nach Def. 17 [47] ist es dann leicht, ein separables und auch ein inseparables irreduzibles Polynom 2-ten Grades über K anzugeben. Warum ist P_2 als Grundkörper für diesen Zweck unbrauchbar? (Vgl. wieder § 6 [49]).

§ 10. Wurzelkörper.

1. Es sei a eine rationale Zahl, die nicht dritte Potenz einer rationalen Zahl ist. Von welchem Grade ist der Wurzelkörper W des Polynoms $x^3 - a$ aus P?

Im Stammkörper $\Sigma = \mathsf{P}(\alpha)$ einer Wurzel $\alpha = \sqrt[3]{a}$ spaltet sich von $x^3 - a$ der Linearfaktor $x - \alpha$ ab. Man beweise die Irreduzibilität des verbleibenden quadratischen Faktors in Σ nach demselben Schema wie in § 9, Aufg. 6 (vgl. auch schon § 7, Aufg. 6).

2. Unter den Gegebenheiten von Aufg. 1 entscheide man über die Gleichheit oder Verschiedenheit der drei den Wurzeln $\alpha_1, \alpha_2, \alpha_3$ von $x^3 - a$ entsprechenden, im Wurzelkörper W enthaltenen Stammkörper $\Sigma_1 = \mathsf{P}(\alpha_1), \Sigma_2 = \mathsf{P}(\alpha_2), \Sigma_3 = \mathsf{P}(\alpha_3)$.

Man beachte, a) daß W bereits aus irgend zweien der drei Stammkörper komponiert ist, und b) daß eine Gleichheit zwischen ihnen sich auf den Grad des Kompositums W auswirken würde.

3. Wie kann die Verschiedenheit der drei Stammkörper $\Sigma_1, \Sigma_2, \Sigma_3$ in Aufg. 2 durch Darstellung des Wurzelkörpers W im Körper aller komplexen Zahlen bewiesen werden?

Man beachte, daß einer der drei Stammkörper bei dieser Darstellung von W schon im Körper aller reellen Zahlen enthalten ist, etwa Σ_1, die beiden anderen Σ_2, Σ_3 nicht. Um $\Sigma_2 = \Sigma_3$ auszuschließen, betrachte man den Quotienten $\frac{\alpha_2}{\alpha_3}$ und wende wieder die Gradbetrachtung aus Aufg. 1 an.

4. Wie stellt sich der Wurzelkörper des Polynoms $x^4 - 10x^2 + 1$ aus P dar?

Man geht hier, entsprechend der Struktur des gegebenen Polynoms, besser etwas abweichend von dem allgemeinen Schema des Beweises zu Satz 87 vor, indem man zunächst durch Übergang zu einem leicht anzugebenden quadratischen Körper Λ eine Zerfällung in zwei quadratische Faktoren herbeiführt und dann die Wurzelkörper W, W′ dieser beiden quadratischen Faktoren bildet. Man stellt dabei fest, daß W′ = W ist (§ 7, Aufg. 9, 11).

5. Man beweise, daß in Aufg. 4 überdies gilt:

$$\mathsf{W} = \Lambda(\sqrt{2}) = \Lambda(\sqrt{3}), \qquad \mathsf{W} = \mathsf{P}(\sqrt{2}, \sqrt{3}).$$

Man wende wieder § 7, Aufg. 9, 11 an.

6. Es sei A eine n-reihig quadratische Matrix aus K und

$$f(x) \equiv (x - \alpha_1)^{v_1} \cdots (x - \alpha_r)^{v_r} \quad (v_1 + \cdots + v_r = n)$$

die Zerlegung ihres charakteristischen Polynoms $f(x) \equiv | xE - A |$ in seinem Wurzelkörper W in Potenzen verschiedener Linearfaktoren. $\alpha_1, \ldots, \alpha_r$ heißen die charakteristischen Wurzeln von A mit den Vielfachheiten $v_1, \ldots, v_r$. Die Determinantenteiler $d_\nu(x)$ und die Elementarteiler $e_\nu(x)$ $(\nu = 1, \ldots, n)$ der charakteristischen Matrix $xE - A$ von A nennt man auch kurz die Determinantenteiler und Elementarteiler von A. — Man beschreibe die Zerlegung in Potenzen verschiedener Linearfaktoren für die Determinantenteiler und Elementarteiler von A. Welche Relationen und Grenzen bestehen dabei für die Vielfachheiten $\delta_{i\nu}$ und $\varepsilon_{i\nu}$ der Wurzeln α_i in $d_\nu(x)$ und $e_\nu(x)$?

Siehe die Erl. zu § 6, Aufg. 33.

7. Von den n Exponenten $\varepsilon_{i1} \leqq \cdots \leqq \varepsilon_{in}$ seien jeweils die μ_i letzten > 0. Unter $\overline{\alpha}_1, \ldots, \overline{\alpha}_s$ seien die bisherigen $\alpha_1, \ldots, \alpha_r$ mit den Vielfachheiten $\mu_1, \ldots, \mu_r$ verstanden $(s = \mu_1 + \cdots + \mu_r)$, d. h. jedes α_i ist μ_i-mal aufgezählt. Die s Potenzen $(x - \alpha_i)^{\varepsilon_{i\nu}}$ mit $\varepsilon_{i\nu} > 0$ seien dementsprechend mit $(x - \overline{\alpha}_i)^{\varepsilon_i}$ $(i = 1, \ldots, s)$ bezeichnet, wobei es auf die Reihenfolge der $\overline{\alpha}_i$ nicht ankommen soll. Die $(x - \overline{\alpha}_i)^{\varepsilon_i}$ heißen die einfachen Elementarteiler von A. — Man mache sich klar, daß durch die Angabe dieser einfachen Elementarteiler (in irgendeiner Reihenfolge) rückwärts die zusammengesetzten Elementarteiler $e_\nu(x)$ $(\nu = 1, \ldots, n)$ von A eindeutig bestimmt sind. Welche (einzige) Einschränkung besteht für die Exponenten ε_i (außer der definitorischen $\varepsilon_i > 0$)?

8. Man bestimme die einfachen Elementarteiler der ε-reihig quadratischen Matrix

$$E_\varepsilon(\alpha) = \begin{pmatrix} \alpha & e & & \\ & \ddots & \ddots & \\ & & \ddots & e \\ & & & \alpha \end{pmatrix}$$

(wo die nicht markierten Stellen mit Nullen besetzt sind und $E_1(\alpha) = \alpha$ verstanden ist).

Man beachte, daß noch $d_{\varepsilon-1}(x) \equiv e$ ist, wegen der rechten oberen Eckunterdeterminante $(\varepsilon - 1)$-ten Grades.

9. Man bestimme allgemeiner die einfachen Elementarteiler der Matrix

$$E_{\varepsilon_1, \ldots, \varepsilon_s}(\overline{\alpha}_1, \ldots, \overline{\alpha}_s) = \begin{pmatrix} E_{\varepsilon_1}(\overline{\alpha}_1) & & \\ & \ddots & \\ & & E_{\varepsilon_s}(\overline{\alpha}_s) \end{pmatrix}$$

[diagonale Hintereinanderreihung der $E_{\varepsilon_i}(\overline{\alpha}_i)$].

Die direkte Berechnung der Determinantenteiler, entsprechend wie in Aufg. 8, wird recht unübersichtlich. Man beachte vielmehr, daß nach dem Resultat von Aufg. 8 die charakteristische Matrix

$$xE - E_\varepsilon(\alpha) \text{ zu } \begin{pmatrix} e & & & \\ & \ddots & & \\ & & e & \\ & & & (x-\alpha) \end{pmatrix} \text{ arithmetisch äquivalent ist.}$$

Daraus folgt durch Zusammensetzung eine entsprechend gebaute arithmetisch äquivalente Matrix zur charakteristischen Matrix $xE - E_{\varepsilon_1, \ldots, \varepsilon_s}(\overline{\alpha}_1, \ldots, \overline{\alpha}_s)$ (in der noch die Linearfaktorpotenzen durch Reihenvertauschung an den Schluß gebracht werden können). Aus dieser liest man die Determinantenteiler leicht ab, indem man wieder zu der ursprünglichen Bezeichnung $(x - \alpha_i)^{e_{i\nu}}$ der Linearfaktorpotenzen zurückgeht (Aufg. 7).

10. Man folgere nunmehr zusammenfassend: Jede n-reihig quadratische Matrix A ist im Wurzelkörper W ihres charakteristischen Polynoms $f(x)$ ähnlich zu einer Matrix von dem Typus aus Aufg. 9 mit eindeutig bestimmten $\varepsilon_i > 0$ mit $\sum_{i=1}^{s} \varepsilon_i = n$.

Man wende das Ähnlichkeitskriterium aus § 1, Aufg. 47 an. — Bezüglich der Ähnlichkeit im W u r z e l k ö r p e r W beachte man § 5, Aufg. 12. Übrigens stellt man auch durch Zurückverfolgung der Gedankenkette bis zu § 1, Aufg. 38 hin fest, daß die Ähnlichkeit bereits durch die ausgeführten Schlüsse im Körper W bewiesen ist.

11. Man mache sich klar, daß in Aufg. 9 auch die Aufgabe gelöst ist, eine Matrix zu vorgegebenen Elementarteilern $e_1(x), \ldots, e_n(x)$ mit den notwendigen Einschränkungen, $e_1(x) \mid \ldots \mid e_n(x)$ und $e_1(x) \cdots e_n(x)$ vom Grade n, zu konstruieren, allerdings nicht im Grundkörper K.

Daß überdies $e_1(x) \cdots e_\nu(x)$ höchstens vom Grade ν ist, folgt bereits formal aus den beiden genannten Einschränkungen.

12. Welche Bedingung ist notwendig und hinreichend dafür, daß A einer Diagonalmatrix $\begin{pmatrix} \alpha_1 & & \\ & \ddots & \\ & & \alpha_n \end{pmatrix}$ ähnlich ist?

Man wende die Eindeutigkeit in Aufg. 10 und die Elementarteilerbestimmung in Aufg. 9 an. Das Resultat kann entweder als Bedingung für die einfachen Elementarteiler oder als Bedingung für den letzten Elementarteiler $e_n(x)$ ausgesprochen werden.

13. Wie lauten die charakteristischen Polynome der Matrizen

$$A = \begin{pmatrix} 0 & e & & & \\ & 0 & e & & \\ & & \ddots & \ddots & \\ & & & 0 & e \\ -a_n & \cdots & & -a_2 & -a_1 \end{pmatrix}, \quad A(\alpha) = \begin{pmatrix} \alpha & e & & & \\ & \alpha & e & & \\ & & \ddots & \ddots & \\ & & & \alpha & e \\ -a_n & \cdots & & -a_2 & \alpha - a_1 \end{pmatrix}?$$

Zur Berechnung der Determinanten entwickle man etwa nach der ersten Spalte und verwende vollständige Induktion. Den Ansatz dazu liefern die leicht berechenbaren Fälle $n = 1$ und $n = 2$.

14. Man bestimme auch die Elementarteiler der Matrizen in Aufg. 13 und mache sich von hier aus die Bedeutung der Matrizen $E_s(\alpha)$ aus Aufg. 8—10 klar.

Man verfahre wie in Aufg. 8.

15. Man konstruiere eine zum Grundkörper K gehörige eindeutige Normalform für die durch A bestimmte Klasse ähnlicher Matrizen.

Man kommt ganz analog zu Aufg. 9, 10 zum Ziel, indem man den Elementarteilern $e_\nu(x)$ entsprechende Matrizen des ersten in Aufg. 13 behandelten Typus diagonal hintereinanderreiht und die arithmetische Äquivalenz zur Normalform aus § 1, Aufg. 39, 40 ausnutzt.

16. Die n-reihig quadratische Matrix A aus K habe die charakteristischen Wurzeln $\alpha_1, \ldots, \alpha_n$ (nicht nach Vielfachheiten zusammengefaßt), und es sei $g(x)$ eine beliebige g. r. Fkt. von x über K. Welches sind die charakteristischen Wurzeln der Matrix $g(A)$ (vgl § 5, Aufg. 9).

Man transformiere A durch eine Ähnlichkeitstransformation $P^{-1}AP$ auf die Normalform von Aufg. 9, 10 und beachte die Invarianz des charakteristischen Polynoms (**1**, § 21, Aufg. 19), sowie die Tatsache $g(P^{-1}AP) = P^{-1}g(A)P$. Dann liest man die charakteristischen Wurzeln von $g(A)$ ohne weiteres aus der Hauptdiagonale ab.

17. Man beweise: Ist

$$h(x) \equiv b(x-\beta_1)\cdots(x-\beta_m)$$

die Zerlegung einer beliebigen g. r. Fkt. von x über K in Linearfaktoren (in ihrem Wurzelkörper), so ist für jede n-reihig quadratische Matrix A aus K

$$h(A) \equiv b\,(A-\beta_1 E)\cdots(A-\beta_m E).$$

Wegen der Vertauschbarkeit von A und seinen Potenzen mit den Diagonalmatrizen $\beta_i E$ kann rechts in gewohnter Weise ausmultipliziert werden. Man wende dann die Vietaschen Formeln (§ 5, Aufg. 13) an.

18. Man beweise auch noch auf andere Weise, daß $g(A)$ die charakteristischen Wurzeln $g(\alpha_k)$ hat, wenn A die charakteristischen Wurzeln α_k hat (Aufg. 16). Man zerlege nämlich unter Einführung einer neuen Unbestimmten y die g. r. Fkt. $h(x) \equiv y - g(x)$ von x über $K(y)$ in ihrem Wurzelkörper in Linearfaktoren und wende Aufg. 17 zur Berechnung des charakteristischen Polynoms $f(y) \equiv |\, yE - g(A)\,| \equiv |\, h(A)\,|$ an.

Man zerlege auch die sich einstellenden Faktoren $|\, A - \beta_i E\,| = (-1)^n f(\beta_i)$ gemäß der Linearfaktorenzerlegung von $f(x)$ in ein Produkt und fasse dann die Faktoren des entstehenden Doppelprodukts in anderer Weise zu einem einfachen Produkt zusammen.

19. Wie läßt sich die Matrix

$$A = \begin{pmatrix} a_0 & a_1 & \ddots & a_{n-1} \\ a_{n-1} & a_0 & \ddots & \ddots \\ \ddots & \ddots & \ddots & a_1 \\ a_1 & \ddots & a_{n-1} & a_0 \end{pmatrix}$$

(n-reihige Zyklante; vgl. schon § 4, Aufg. 15) als g. r. Fkt. von höchstens $(n-1)$-tem Grade einer Matrix N darstellen? Man berechne daraus ihre Determinante.

Man beachte die lineare homogene Darstellung von A aus n Matrizen $N_0, \ldots, N_{n-1}$, die je nur in einer zyklisch zu durchlaufenden Hauptdiagonalparallelen mit Einsen besetzt sind, und leite diese N_ν alle aus $N_1 = N$ her. Zur Determinantenberechnung beachte man, daß die Determinante etwa nach Aufg. 9, 10 (oder schon durch $x = 0$ im charakteristischen Polynom) das Produkt der charakteristischen Wurzeln ist, und verwende Aufg. 16, 18[1]).

20. Wie ordnet sich § 4, Aufg. 15 diesem Resultat unter?

Hat der zugrunde liegende Körper K die Charakteristik p, so hat für $n = p$ das charakteristische Polynom von $N = P = \begin{pmatrix} 0 & e & & \\ & \ddots & \ddots & \\ & & \ddots & e \\ e & & & 0 \end{pmatrix}$ nach Aufg. 13 und nach Satz 44 [37] die p-fache Wurzel e.

21. Wie drücken sich die charakteristischen Wurzeln der ν-ten abgeleiteten Matrix $A^{(\nu)}$ einer Matrix A durch die charakteristischen Wurzeln α_i von A aus?

Man verfahre wie bei Aufg. 16.

22. Man beweise hiernach: Sind $\alpha_1, \ldots, \alpha_n$ die Wurzeln eines Polynoms $f(x)$ aus K, so sind die Produkte $\alpha_{i_1} \ldots \alpha_{i_\nu}$, wo $\{i_1, \ldots, i_\nu\}$ alle $\binom{n}{\nu}$ Kombinationen der Ziffern $1, \ldots, n$ durchläuft, die Wurzeln eines Polynoms $g_\nu(x)$ über K[2]).

---

[1]) Zur Darstellung des Resultats siehe auch den späteren Satz 120 [129], sowie die spätere Aufgabe 16 zu § 20.

[2]) Hiermit wird eine Aussage in Richtung des späteren Satzes von den symmetrischen Funktionen (Satz 131 [153]) rechnerisch bewiesen.

Man stelle $f(x)$ gemäß Aufg. 13 als charakteristisches Polynom einer Matrix A aus K dar und wende Aufg. 21 an.

23. Man beweise entsprechend: Sind $f(x)$, $g(x)$ Polynome aus K und α_i, β_k $(i = 1, \ldots, m;\ k = 1, \ldots, n)$ ihre Wurzeln, so ist das Differenzenprodukt

$$\prod_{i=1}^{m} \prod_{k=1}^{n} (\alpha_i - \beta_k)$$

ein Element aus K (Resultante von f und g)[1].

Man stelle wieder etwa $f(x)$ gemäß Aufg. 13 als charakteristisches Polynom einer Matrix A aus K dar und wende Aufg. 18 an.

24. Welches Determinantenkriterium ergibt sich hieraus für das Bestehen der Relation $(f, g) = e$?

$|g(A)| \neq 0$, wo A die Matrix aus Aufg. 13 zu

$$f(x) \equiv x^n + a_1 x^{n-1} + \cdots + a_n \quad \text{ist.}$$

25. Man entscheide mittels dieses Kriteriums allgemein über die Teilerfremdheit zweier Polynome zweiten Grades $x^2 + ax + b$ und $x^2 + cx + d$ durch einen aus ihren Koeffizienten a, b, c, d gebildeten Ausdruck (ihre Resultante). Man bringe die entstehende zweireihige Determinante durch geeignetes Rändern und Anwendung des Zusatzes zu **1**, Satz 71 [130] auf die Form

$$\begin{vmatrix} e & a & b & 0 \\ 0 & e & a & b \\ e & c & d & 0 \\ 0 & e & c & d \end{vmatrix}$$

und deute das Ergebnis im Sinne von **1**, Satz 73 [132] mit $\mathfrak{x} = (x^3, x^2, x, e)$.

§ 11. Der sog. Fundamentalsatz der Algebra.

1. Man beweise (mit Hilfsmitteln aus der Analysis): Jedes Polynom $f(x)$ von ungeradem Grade n im Körper K aller reellen Zahlen besitzt (mindestens) eine Wurzel in K[2]).

---

[1]) Siehe Anmerkung 2 auf S. 128.

[2]) Für einen auf diesen Satz gegründeten, im übrigen nur noch rein algebraische Schlüsse verwendenden Beweis des sog. Fundamentalsatzes der Algebra siehe die späteren Aufg. 7—9 zu § 17.

Man benutze den Satz: Hat eine in einem Intervall $a \leqq x \leqq b$ stetige reelle Funktion $f(x)$ die Eigenschaften $f(a) < 0$, $f(b) > 0$, so existiert ein c des Intervalls mit $f(c) = 0$. Außerdem beachte man $\lim\limits_{x \to \pm\infty} \frac{f(x)}{x^n} = 1$.

2. Ein Körper A heißt **algebraisch abgeschlossen**, wenn er keine echten algebraischen Erweiterungen besitzt. Der sog. Fundamentalsatz der Algebra stellt also fest, daß der Körper aller komplexen Zahlen algebraisch abgeschlossen ist. — Man beweise: Hat eine algebraische Erweiterung A von K die Eigenschaft, daß jedes Polynom aus K in A in Linearfaktoren zerfällt, so ist A algebraisch abgeschlossen.

Man wende Satz 86 [72] an.

3. Welches sind (auf Grund des sog. Fundamentalsatzes der Algebra) die Primfunktionen des Integritätsbereiches $\mathsf{K}[x]$, wenn K a) der Körper aller komplexen, b) der Körper aller reellen Zahlen ist?

Man beachte im Falle b), daß $[\mathsf{K}(i) : \mathsf{K}] = 2$ ist (§ 7, Aufg. 8), und hat demgemäß nur über die Irreduzibilität quadratischer Polynome $x^2 + ax + b$ aus K zu entscheiden (siehe dazu § 1, Aufg. 11).

4. Wie hängt die Zerlegung eines reellzahligen Polynoms in irreduzible Polynome des Körpers aller reellen Zahlen mit der in irreduzible Polynome des Körpers aller komplexen Zahlen zusammen?

Man wende Satz 25 [24] an.

5. Es sei A eine symmetrische Matrix (**1**, § 19, Aufg. 5) im Körper aller reellen Zahlen. Man beweise, daß die charakteristischen Wurzeln α von A reell sind, indem man auf die Bedeutung des Nullseins der Determinante für das lineare homogene Gleichungssystem $(A - \alpha E)\mathfrak{x} \doteq 0$ eingeht.

Bedeutet $\bar{\mathfrak{x}}'$ die aus der einspaltigen Lösungsmatrix (Vektor $\mathfrak{x}$) durch Transposition und Übergang zum konjugiert-komplexen entstehende einzeilige Matrix, so unterwerfe man die Relation $\bar{\mathfrak{x}}' A \mathfrak{x} = \alpha \bar{\mathfrak{x}}' \mathfrak{x}$ eben diesen beiden Operationen und beachte die Transpositionsregel aus **1**, § 10, Aufg. 13.

6. Unter welcher schärferen Voraussetzung über die Matrix A kann sogar auf die Positivität der charakteristischen Wurzeln α geschlossen werden?

Wenn die mit der Matrix A gebildete quadratische Form $\mathfrak{x}'A\mathfrak{x} = \sum_{i,k=1}^{n} a_{ik}x_i x_k$ für alle reellen $\mathfrak{x} \neq 0$ positiv ist (positiv definite quadratische Form).

7. Auf welche allgemeineren Matrizen A aus dem Körper aller komplexen Zahlen übertragen sich die Resultate von Aufg. 5, 6?

Aufg. 5 auf die Matrizen, die der Transpositionsbedingung $\bar{A}' = A$ genügen (Hermitesche Matrizen), Aufg. 6 auf diejenigen mit überdies für komplexe $\mathfrak{x} \neq 0$ durchweg positivem $\bar{\mathfrak{x}}'A\mathfrak{x} = \sum_{i,k=1}^{n} a_{ik}\bar{x}_i x_k$ (positiv definite Hermitesche Form).

2, IV. Die Struktur der Wurzelkörper algebraischer Gleichungen.

§ 12. Einfachheit und Separabilität der Wurzelkörper separabler Polynome, allgemeiner der endlichen algebraischen Erweiterungen mit separablem primitiven Elementsystem.

1. Man führe den Beweis von Satz 90 im Falle $\mathsf{\Lambda} = \mathsf{P}(\sqrt{2}, \sqrt{3})$ durch und berechne so insbesondere Darstellungen von $\sqrt{2}$ und $\sqrt{3}$ durch ein sich einstellendes primitives Element von $\mathsf{\Lambda}$. (Vgl. dazu auch § 10, Aufg. 4, 5.)

Man kommt mit $\vartheta = \sqrt{2} + \sqrt{3}$ aus. Zur Bestimmung des größten gemeinsamen Teilers von $\varphi(x)$ und $f_2(x)$ verwende man den Euklidischen Algorithmus.

2. Wie stellt sich allgemein für zwei verschiedene Erweiterungen $\mathsf{\Lambda}_1 = \mathsf{K}(\sqrt{a_1})$, $\mathsf{\Lambda}_2 = \mathsf{K}(\sqrt{a_2})$ vom Grade 2 über K die Erweiterung $\mathsf{\Lambda} = \mathsf{K}(\sqrt{a_1}, \sqrt{a_2})$ als einfache algebraische Erweiterung von K dar, wenn die Charakteristik von K nicht

2 ist? Man berechne wieder auch Darstellungen von $\sqrt{a_1}$ und $\sqrt{a_2}$ durch ein sich einstellendes primitives Element von $\mathsf{\Lambda}$.

3. Man zeige durch ein Gegenbeispiel, daß Satz 90 nicht mehr allgemein für algebraische Erweiterungen $\mathsf{\Lambda}$ mit inseparablem primitiven Elementsystem gilt, indem man etwa in Aufg. 2 K als (unvollkommenen) Körper der Charakteristik 2 nimmt.

Man beachte, daß dort e, $\sqrt{a_1}$, $\sqrt{a_2}$, $\sqrt{a_1}\sqrt{a_2}$ eine Basis von $\mathsf{\Lambda}$ bzgl. K ist (Beweis zu Satz 71 [59]), und bestimme demgemäß den Grad des allgemeinen Elements von $\mathsf{\Lambda}$ über K nach Satz 44 [37].

4. Man beweise: Ist K vollkommen, so ist auch jede algebraische Erweiterung endlichen Grades $\mathsf{\Lambda}$ von K vollkommen.

Man beachte dazu, daß die vollkommenen Körper dadurch charakterisiert sind, daß es über ihnen keine inseparablen einfachen algebraischen Erweiterungen gibt (§ 6, Aufg. 27; § 8, Aufgabe 3), und wende Satz 91, sowie 86 [72], 66 [56] an.

5. Aus dem Körper aller komplexen Zahlen werde der Teilkörper $\mathsf{\Lambda}$ aller rationalen Funktionen über P der Quadratwurzeln aus je endlich vielen beliebigen rationalen Zahlen herausgegriffen. Es genügt übrigens schon, nur die Quadratwurzeln aus $p_0 = -1$ und den sämtlichen Primzahlen $p_1, p_2, \ldots$ zur Bildung von $\mathsf{\Lambda}$ zu benutzen (Satz 12 [14]). Man zeige, daß $\mathsf{\Lambda}$ eine algebraische Erweiterung von P mit unbeschränkten Elementgraden (Satz 91, Zusatz) ist.

Es ist die Irreduzibilität von $x^2 - p_r$ in

$$\mathsf{\Lambda}_{r-1} = \mathsf{P}(\sqrt{p_0}, \ldots, \sqrt{p_{r-1}})$$

zu zeigen. Man verwende vollständige Induktion und zeige, daß von den Elementen des Körpers $\mathsf{\Lambda}_{r-1}$, der nach Induktionsannahme die Basis $\sqrt{p_0}^{\nu_0} \cdots \sqrt{p_{r-1}}^{\nu_{r-1}}$ $(\nu_0, \ldots, \nu_{r-1} = 0, 1)$ hat, nur die Basiselementvielfachen $a\sqrt{p_0}^{\nu_0} \cdots \sqrt{p_{r-1}}^{\nu_{r-1}}$ (a beliebig aus P) rationale Quadrate haben (Wurzeln reiner Gleichungen aus P sind). Dann folgt die Irreduzibilität von $x^2 - p_r$ aus dem Fundamentalsatz von der eindeutigen Zerlegbarkeit in Primzahlen.

§ 13. Normalität der Wurzelkörper und ihrer primitiven Elemente. Galoissche Resolventen.

1. Es sei a eine rationale Zahl, die nicht dritte Potenz einer rationalen Zahl ist. Ist irgendeine $\sqrt[3]{a}$ normal über P?

§ 10, Aufg. 2 beantwortet die Frage einfach nach Def. 29, 30.

2. Man konstruiere eine galoissche Resolvente für das Polynom $x^3 - a$ (a wie in Aufg. 1) über P.

Die einfache Summe zweier Wurzeln genügt hier ersichtlich nicht als ϑ im Sinne des Beweises von Satz 90 [80], dagegen kann für das dortige a jede von $0, \pm 1$ verschiedene rationale Zahl gewählt werden. Das Ergebnis wird für $a = 2$ besonders einfach. Übrigens könnte auch $a = -1$ gewählt werden — die Forderung im Beweis zu Satz 90 [80] ist nur hinreichend, nicht notwendig —, aber nicht $a = 0, 1$.

3. Kann für ein irreduzibles Polynom $f(x) \equiv x^3 + a_1 x^2 + a_2 x + a_3$ aus K zwischen zwei verschiedenen Wurzeln α, α' der Zusammenhang $\alpha' = c_0 + c_1 \alpha$ mit c_0, c_1 aus K bestehen?

Man beachte zunächst, daß jedenfalls $c_1 \neq 0$ sein müßte. Dann wende man Satz 53 [43] auf $f(c_0 + c_1 x)$ an. Dabei ist zu unterscheiden, ob K die Charakteristik 3 hat oder nicht. Im letzteren Falle kann ohne Einschränkung $a_1 = 0$ angenommen werden (§ 5, Aufg. 15), und dann folgt leicht $c_0 = 0$ und unter Beachtung von $a_3 \neq 0$ weiter $c_1^3 = e$. Ist nun $a_2 \neq 0$, so folgt $c_1 = e$, im Widerspruch zu $\alpha' \neq \alpha$. Ist aber $a_2 = 0$, also $f(x)$ ein reines Polynom (vgl. Def. 38 [127]), so gibt es außer $c_1 = e$ noch die Möglichkeit $c_1^2 + c_1 + e = 0$. Für gewisse Körper ist $x^2 + x + e$ reduzibel, z. B. in P_7; man erhält hier außer $c_1 = e$ noch $c_1 = 2e$ und $c_1 = 4e$. (Vgl. den späteren Satz 123 [137]). Im ersteren Falle folgt ebenfalls $c_0 = 0$, $c_1 = e$, wenn nicht $a_1 = 0$ ist. Ist aber $a_1 = 0$, so ist z. B. $\alpha' = c_0 + \alpha$ bei passenden a_2, c_0 möglich. Das in P_3 irreduzible Polynom $x^3 - x - e$ liefert ein Beispiel.

4. Man beweise allgemein: In einem Körper K der Charakteristik p ist jedes irreduzible Polynom der Form $x^p - x - a$ normal.

Man beachte, daß mit α auch $\alpha + ne$ bei beliebigem ne aus dem Primkörper P_p von K Wurzel ist.

5. Im Anschluß an § 7, Aufg. 13 leite man die notwendige und hinreichende Bedingung für die Irreduzibilität eines

Polynoms der Form $x^p - x - a$ in einem Körper K der Charakteristik p her.

Unter der Annahme, $g(x)$ sei ein irreduzibler Teiler von $f(x)$ in K, der neben einer Wurzel α noch eine weitere Wurzel $\alpha + ne$ $(n = 1, \ldots, p-1)$ von $f(x)$ hat, folgt $g(x - ne) \equiv g(x)$ (Satz 53 [43]), und die Betrachtung des zweithöchsten Koeffizienten von $g(x)$ liefert einen Widerspruch. Das Irreduzibilitätskriterium ergibt sich also einfach durch Ausschluß einer Wurzel α in K.

6. Man leite im Anschluß an § 7, Aufg. 14 die notwendige und hinreichende Bedingung dafür her, daß die Wurzelkörper W, W' zweier irreduzibler Polynome $x^p - x - a$, $x^p - x - a'$ über einem Körper K der Charakteristik p gleich sind.

Der Ansatz $\alpha' = c_0 + c_1\alpha + \cdots + c_{p-1}\alpha^{p-1}$ führt zu Relationen für die $c_0, \ldots, c_{p-1}$. Beachtet man, daß $x^p - x$ in K nur die Elemente ne aus P_p zu Wurzeln hat, und daß $x^p - x - a$ nach Voraussetzung in K keine Wurzel hat, so ergeben diese Relationen sukzessive $c_{p-1} = 0, \ldots, c_2 = 0$, $c_1 = ne \neq 0$, $a' = na + c_0^p - c_0$. Von der letzteren, hiernach notwendigen Bedingung beweist man leicht, daß sie auch hinreicht.

7. Man konstruiere im Anschluß an Satz 93 ein Beispiel derart, daß $N \geqq \bar{K} \geqq K$ und N über K aber nicht $\bar{K}$ über K normal ist.

Es genügt etwa der Wurzelkörper von $x^3 - a$ (Aufg. 1) als N und einer der drei Stammkörper als $\bar{K}$ über $K = P$.

8. Man folgere aus Satz 103 : Ist $\Lambda = K(\alpha)$ eine separable einfache algebraische Erweiterung von K vom Grade n, so ist ein Element $\beta = h(\alpha)$ aus Λ dann und nur dann primitives Element von Λ, wenn die konjugierten $\beta_1, \ldots, \beta_n$ (Satz 95) voneinander verschieden sind.

Man nutze die Bemerkung hinter Satz 103 aus und wende Satz 81 [70] an.

9. Steinitz gab eine von Def. 29 abweichende Definition der Normalität, nämlich: Eine Erweiterung N von K heißt normal über K, wenn jedes irreduzible Polynom $f(x)$ aus K,

das in N eine Wurzel hat, in N auch in Linearfaktoren zerfällt. Man beweise die Identität dieser Definition mit Def. 29 für separable Erweiterungen N von endlichem Grade.

Daß die Steinitzsche Definitionseigenschaft für separable N von endlichem Grade die in Def. 29 zugrunde gelegte Eigenschaft zur Folge hat, sieht man durch Darstellung von N als Stammkörper eines irreduziblen Polynoms aus K (Satz 91 [83], 99). Die Umkehrung folgere man aus Aufg. 8 (siehe auch die an Satz 97 angeschlossene Bemerkung). — Beide Definitionen stimmen auch für **beliebige** algebraische Erweiterungen N überein; doch würde der Nachweis unseren Rahmen übersteigen.

10. Man mache sich klar, daß die Steinitzsche Normalitätsdefinition für einfache transzendente Erweiterungen von Def. 29 abweicht.

Im Steinitzschen Sinne wäre $K(x)$ normal über K zu nennen (Hauptpunkt in **1**, § 4, Aufg. 4), im Sinne von Def. 29 nicht wegen $K(x) \neq K(x')$ innerhalb $K(x, x')$, oder auch im Hinblick auf § 1, Aufg. 30 und **1**, § 4, Aufg. 5.

11. Unter den gleichen Voraussetzungen wie in Aufg. 8 seien $\gamma_1, \ldots, \gamma_n$ irgendein System von n Elementen aus Λ und $\gamma_{1k}, \ldots, \gamma_{nk}$ $(k = 1, \ldots, n)$ die n konjugierten Systeme im Sinne von Satz 95 (und Satz 103). Es seien

$$\gamma_i = \sum_{\nu=1}^{n} a_{i\nu} \alpha^{\nu-1} \qquad (i = 1, \ldots, n)$$

die Darstellungen der γ_i durch die Basis $e, \alpha, \ldots, \alpha^{n-1}$ von Λ. Man leite hieraus durch Übergang zu den konjugierten Basen $e, \alpha_k, \ldots, \alpha_k^{\nu-1}$ eine Matrizenrelation her.

Wegen der Isomorphismen bzgl. K zwischen den n Stammkörpern $\Lambda_k = K(\alpha_k)$ darf man in dem angegebenen Formelsystem an α und die γ_i durchweg der Reihe nach die „Konjugiertenindizes" $k = 1, \ldots, n$ anhängen, ohne die Koeffizienten $a_{i\nu}$ zu ändern. Dann steht eine Matrizenproduktrelation da.

12. Man leite hieraus eine notwendige und hinreichende Bedingung dafür her, daß $\gamma_1, \ldots, \gamma_n$ eine Basis von Λ ist.

Notwendig ist jedenfalls, daß die Matrix $A = (a_{ik})$ aus K regulär ist, d. h. daß $|A| \neq 0$ ist, da sonst die γ_i linear abhängig (über K) sind (**1**, Satz 77 [141]). Mittels **1**, Satz 74 [132] zeigt man, daß dies auch hinreicht, d. h. daß die $\alpha^{\nu-1}$ dann lineare Komposita der γ_i über K sind.

13. Das Quadrat der Determinante der in Aufg. 11 erhaltenen Matrix (γ_{ik}) aus den konjugierten Systemen zum System γ_i als Spalten heißt die Diskriminante des Systems $\gamma_1, \ldots, \gamma_n$; Bezeichnung $d(\gamma_1, \ldots, \gamma_n) = |\gamma_{ik}|^2$. — Man beweise: $d(\gamma_1, \ldots, \gamma_n)$ ist ein Element aus dem Grundkörper K.

Man wende Aufg. 11 und § 6, Aufg. 19 an.

14. Wie kann die Basiseigenschaft eines Systems $\gamma_1, \ldots, \gamma_n$ durch seine Diskriminante $d(\gamma_1, \ldots, \gamma_n)$ charakterisiert werden?

Man wende wieder Aufg. 11 an und beachte, daß $|\alpha_k^{i-1}| \neq 0$ ist (**1**, § 19, Aufg. 4).

15. Was kann über die Vorzeichen der Basisdiskriminanten $d(\gamma_1, \ldots, \gamma_n)$ ausgesagt werden, wenn als Grundkörper K der rationale Zahlkörper P zugrunde liegt?

Man beachte, daß $|\alpha_k^{i-1}|$ beim Übergang zum konjugiert-komplexen gemäß § 11, Aufg. 4 das Vorzeichen behält oder ändert, je nachdem die Anzahl der irreduziblen Faktoren zweiten Grades von $f(x)$ im Körper aller reellen Zahlen [die Anzahl der Paare konjugiert-komplexer Wurzeln von $f(x)$] gerade oder ungerade ist.

16. Welche Vorzeichen haben hiernach die Basisdiskriminanten $d(\gamma_1, \gamma_2, \gamma_3)$ eines Körpers $\mathsf{P}(\sqrt[3]{a})$ aus Aufg. 1?

§ 14. Die Automorphismengruppe eines Erweiterungsbereichs.

1. Es sei K ein vollkommener Körper der Charakteristik p. Man zeige, daß die Zuordnungen $a \to a^p$ für beliebige a aus K einen Automorphismus A von K liefern.

Von den Bedingungen in **1**, § 2, (II.) sind erfüllt: (δ.), (ε.) trivialerweise, (δ'.) wegen der Vollkommenheit von K, (ε'.) gemäß § 4, Aufg. 7. Von den Bedingungen in Def. 32 ist erfüllt: (1.) nach Satz 44 [37], (2.) trivialerweise.

2. Wie stellt sich die durch den Automorphismus A aus Aufg. 1 erzeugte zyklische Untergruppe $\mathfrak{A}$ der vollen Automorphismengruppe von K dar?

Für positives n ist A^n durch $a \to a^{p^n}$ gegeben, für negatives $n = -n'$ durch $a \to \sqrt[p^{n'}]{a}$.

3. Man beweise, daß die zyklische Automorphismengruppe $\mathfrak{A}$ aus Aufg. 2 dann und nur dann endlich ist, wenn K ein endlicher Körper (der Charakteristik p) ist.

Man beachte, a) daß für endliches K nur endlich viele Permutationen der Elemente von K existieren, b) daß für unendliches K die Gleichung $x^{p^n} - x \doteq 0$ nicht für alle Elemente aus K erfüllt sein kann (Satz 48 [41]).

4. Man beweise genauer: Ist K ein endlicher Körper aus p^n Elementen (vgl. § 7, Aufg. 17), so ist $\mathfrak{A}$ zyklisch von der Ordnung n.[1])

Man wende zunächst den kleinen Fermatschen Satz auf die Multiplikationsgruppe von K an (analog zu Satz 29 [29]; siehe auch § 2, Aufg. 15) und schließe dann analog zu Aufg. 3 b).

5. Für welche von P_p verschiedenen Primkörper P_q liefern die Zuordnungen $a \to a^p$ einen Automorphismus von P_q?

Dieser Automorphismus muß jedenfalls der identische sein (siehe die Bemerkung hinter Satz 104). Durch Betrachtung des Verhaltens der Multiplikationsgruppe von P_q findet man, unter Beachtung von § 5, Aufg. 6, $q - 1 \mid p - 1$ als notwendige und hinreichende Bedingung.

6. Man beweise, daß die volle Automorphismengruppe eines Bereichs B mit der Automorphismengruppe bzgl. seines Primbereichs übereinstimmt.

Siehe wieder die Bemerkung hinter Satz 104.

7. Man zeige, daß durch die Substitution $\sqrt{-e} \to -\sqrt{-e}$ ein Automorphismus von $P_3(\sqrt{-e})$ erzeugt wird, und zwar gerade der Automorphismus A aus Aufg. 1. Gilt Entsprechendes auch für $P_5(\sqrt{-e})$?

$\sqrt{-e}$ ist Wurzel des in P_3 irreduziblen Polynoms $x^2 + e$. Man wende also Satz 95 [85] an und stelle zudem $\sqrt{-e}^3 = -\sqrt{-e}$

[1]) Siehe hierzu auch die spätere allgemeine Theorie in § 20.

fest. Für P_5 ist $x^2 + e$ reduzibel, und $\sqrt{-e} \to -\sqrt{-e}$ erzeugt gar keinen Automorphismus (Satz 73 [61]).

8. Für welche Primkörper P_p ist $x^2 + e$ irreduzibel, für welche reduzibel?

Man beachte die Zyklizität der Multiplikationsgruppe von P_p (§ 5, Aufg. 6). Danach gestattet $-e$ in P_p dann und nur dann die Ausziehung der Quadratwurzel, wenn sein Exponent bei der Darstellung durch ein Basiselement gerade ist. Andrerseits ist dieser Exponent, vom trivialen Fall $p = 2$ abgesehen, $\frac{p-1}{2}$, wegen $(-e)^2 = e$, $-e \neq e$.

9. Welches ist die Automorphismengruppe von $K(x)$ bezgl. K? Man mache sich die Gruppeneigenschaft der resultierenden Substitutionsmenge auch direkt klar.

Jeder Automorphismus wird jedenfalls durch die für x zu machende Substitution $x \to \varphi_0(x)$ erzeugt. Die notwendige und hinreichende Bedingung dafür, daß eine solche einen Automorphismus von $K(x)$ bzgl. K liefert, wurde in § 1, Aufg. 30 und **1**, § 4, Aufg. 5 hergeleitet.

§ 15. Die Galoisgruppe einer separablen normalen Erweiterung endlichen Grades.

1. Von welchem Typus ist die Galoisgruppe einer separablen normalen Erweiterung N von Primzahlgrad über K?

Es gibt nur einen Gruppentypus für eine gegebene Primzahlordnung (**1**, § 8, Aufg. 7).

2. Je nachdem K eine von 2 verschiedene oder die Charakteristik 2 hat, ist eine separable normale Erweiterung N vom Grade 2 über K Wurzelkörper eines Polynoms der Form $x^2 - a$ oder $x^2 - x - a$ aus K (§ 7, Aufg. 12; § 13, Aufg. 4). Man gebe die Zuordnungen des nicht-identischen Automorphismus von N über K für alle Elemente von N an.

3. Welches ist die Galoisgruppe der (nicht separablen) normalen Erweiterung $N = K(\sqrt[p]{a})$ vom Grade p über einem (unvollkommenen) Körper K der Charakteristik p? Gilt demnach Satz 105 auch hier?

Man beachte, daß keine von $\sqrt[p]{a}$ verschiedenen konjugierten zu $\sqrt[p]{a}$ vorhanden sind (§ 4, Aufg. 7).

4. Ist α Wurzel eines irreduziblen Polynoms der Form $x^p - x - a$ über einem Körper K der Charakteristik p, so ist $\mathsf{N} = \mathsf{K}(\alpha)$ normal (§ 13, Aufg. 4) und natürlich separabel. Die Galoisgruppe ist zyklisch (Aufg. 1). Wie stellen sich ihre Automorphismen explizit dar?

Das ergibt sich ebenfalls unmittelbar aus § 13, Aufg. 4 (siehe auch schon oben Aufg. 2).

5. Man stellt leicht fest, daß die beiden Polynome

a) $f(x) \equiv x^3 - 3x + 1$,

b) $f(x) \equiv x^3 + x^2 - 2x - 1$

aus P die Eigenschaft $f(x) \mid f(x - 2)$ haben[1]). Welche Folgerungen ergeben sich daraus für die zugehörigen Stammkörper und die Galoisgruppen ihrer Wurzelkörper? Wie stellen sich diese Galoisgruppen explizit im Sinne von Satz 106 dar?

Man beweise zunächst die Irreduzibilität (§ 5, Aufg. 18) und die Normalität (Satz 99, (III.) [88]) dieser Polynome und beachte dann Aufg. 1.

6. Welchen Typus hat die Galoisgruppe des in § 10, Aufg. 4, 5 behandelten Wurzelkörpers von $x^4 - 10x^2 + 1$ über P?

Man hat zunächst den Irreduzibilitätsnachweis nachzuholen, der sich ohne weiteres aus der in § 10, Aufg. 4 benutzten Zerfällung in zwei quadratische Faktoren und dem Nichtvorhandensein einer rationalen Wurzel ergibt. Die dortige Feststellung $\mathsf{W}' = \mathsf{W}$ ergibt ferner die Normalität. Daher hat die Galoisgruppe die Ordnung 4. Ihre Automorphismen ergeben sich aus der in § 10, Aufg. 5 erhaltenen Struktur des Wurzelkörpers.

7. Welchen Typus hat allgemein die Galoisgruppe eines biquadratischen Körpers der Form $\mathsf{N} = \mathsf{K}(\sqrt{a}, \sqrt{a'})$ über einem Körper K mit von 2 verschiedener Charakteristik,

1) Wie man darauf kommt, steht hier nicht zur Diskussion. Vgl. dazu die späteren Aufgaben 16, 17 zu § 21.

wobei $\frac{a}{a'}$ nicht Quadrat eines Elements aus K sein soll (vgl. § 7, Aufg. 10, 11)?

Die Normalität von N folgt aus Satz 94 [85], die Automorphismen ergeben sich ganz analog wie im Spezialfall von Aufg. 6.

§ 16. Die Galoisgruppe eines separablen Polynoms.

1. Es sei $f(x)$ ein irreduzibles separables Polynom in K. Man beweise, daß die gemäß Satz 107 bestehende Darstellung der Galoisgruppe von $f(x)$ als Permutationsgruppe der Wurzeln von $f(x)$ transitiv ist (**1**, § 16, Aufg. 4).

Man beachte, daß für irreduzibles $f(x)$ Satz 95 [85] eine Aussage über die Existenz von Automorphismen der erforderlichen Art des Wurzelkörpers liefert.

2. Man beweise in Umkehrung und Verallgemeinerung hierzu, daß für reduzibles separables $f(x)$ die fragliche Permutationsdarstellung der Galoisgruppe von $f(x)$ intransitiv ist, daß nämlich ihre transitiven Bestandteile genau den Wurzelsystemen der verschiedenen unter den irreduziblen Faktoren $f_i(x)$ von $f(x)$ entsprechen.

Der Wurzelkörper W von $f(x)$ ist aus den Wurzelkörpern W_i der verschiedenen $f_i(x)$ komponiert. Man beachte die hieraus durch Satz 89 [76] gelieferte Konsequenz für die Galoisgruppe von W; außerdem die aus Satz 113 [111] — angewandt auf eine galoissche Resolvente von $f(x)$ — sich ergebende Tatsache, daß die Wurzeln eines $f_i(x)$, in gewissen Vielfachheiten gezählt, ein vollständiges System konjugierter Elemente aus W darstellen.

3. Welche Typen kommen für die Galoisgruppe eines irreduziblen separablen Polynoms $f(x)$ vom Grade 3 (über einem beliebigen Grundkörper K) in Frage?

Man hat alle transitiven Permutationsgruppen von 3 Elementen zu bestimmen. Es gibt nur zwei solche, eine zyklische und eine nicht-abelsche.

4. Man beantworte dieselbe Frage für den Grad 4.

Man kann entweder die transitiven Permutationsgruppen von 4 Elementen direkt auf Grund der Zyklenzerlegung der 24 Permutationen aus $\mathfrak{S}$ aufstellen, oder die in **1**, § 16, Aufg. 27 bewiesene

Darstellung von $\mathfrak{S}_4$ als Oktaedergruppe $\mathfrak{O}$ zugrunde legen — den 4 Elementen entsprechen dabei die 4 Achsen durch die Flächenmitten — und die in Frage kommenden Untergruppen von $\mathfrak{O}$ geometrisch aufsuchen (siehe die Aufg. zu **1**, §§ 7, 9, wo allerdings die Bestimmung a l l e r Untergruppen für $\mathfrak{O}$ noch nicht gefordert war).

Es ergeben sich fünf mögliche Typen, nämlich in den dortigen Bezeichnungen $\mathfrak{O}$, $\mathfrak{T}$, $\mathfrak{D}_4$, $\mathfrak{D}_2$, $\mathfrak{Z}_4$.

5. Welchem der beiden möglichen Typen gehört die Galoisgruppe eines Polynoms $x^3 - a$ aus K an, sofern es irreduzibel und separabel ist (a keine dritte Potenz in K und K nicht von der Charakteristik 3)?

Das hängt davon ab, ob $x^2 + x + e$ in K reduzibel oder irreduzibel ist, d. h. ob im Falle einer von 2 verschiedenen Charakteristik $\sqrt{-3e}$ zu K gehört oder nicht, im Falle der Charakteristik 2 ein u in K existiert mit $u^2 + u = e$ oder nicht (§ 1, Aufg. 11) (siehe den Spezialfall in § 10, Aufg. 1).

6. Welchem der fünf möglichen Typen gehört die Galoisgruppe eines Polynoms $x^4 - a$ aus K an, sofern es irreduzibel und separabel und K nicht von der Charakteristik 2 ist? Man beweise, daß es für die Irreduzibilität notwendig ist und hinreicht, wenn weder $a = a_0{}^2$ noch $a = -\frac{a_0{}^4}{4}$ in K ist.

Die Zerlegung in Linearfaktoren läßt sich mittels einer Wurzel α von $x^4 - a$ und einer Wurzel i von $x^2 + e$ hinschreiben. Für einen quadratischen Faktor in K von $x^4 - a$ bestehen wesentlich zwei Möglichkeiten, deren eine unmittelbar auf $\alpha^2 = a_0$ in K, d. h. $a = a_0^2$ in K führt, während die zweite zunächst nur auf $i\alpha^2 = b_0$ in K, d. h. $a = -b_0{}^2$ in K, aber gleichzeitig $(e + i)\,\alpha$ in K und somit auf die schärfere Bedingung $a = -\frac{a_0{}^4}{4}$ in K führt. Nach Abspaltung von $(x - \alpha)\,(x + \alpha)$ in $K(\sqrt{a})$ kommt es darauf an, ob $i = \sqrt{-e}$ zu $K(\sqrt{a})$ gehört oder nicht. Das beantwortet sich nach § 7, Aufg. 9, 11. Man findet so, daß nur die beiden Typen $\mathfrak{Z}_4$, $\mathfrak{D}_4$ aus Aufg. 4 vorkommen, und zwar je nachdem $-a$ Quadrat in K ist oder nicht, ohne daß jedoch $-a = \frac{a_0{}^4}{4}$ wird.

7. Welchem der fünf möglichen Typen gehört ferner die Galoisgruppe eines irreduziblen Polynoms $f(x) = x^4 + ax^2 + b$ über einem K mit von 2 verschiedener Charakteristik an?

Die Wurzeln lassen sich leicht in der Form

$$\alpha_1 = \sqrt{-\frac{a}{2} + \sqrt{\frac{a^2}{4} - b}}, \quad \alpha_2 = \sqrt{-\frac{a}{2} - \sqrt{\frac{a^2}{4} - b}},$$

$\alpha_3 = -\alpha_1$, $\alpha_4 = -\alpha_2$ darstellen. Danach ist $\mathsf{W} = \mathsf{K}(\alpha_1, \alpha_2)$. Ein primitives Element im Sinne von Satz 90 [80], 101 [89] kann man etwa in der Form $\vartheta = \alpha_1 + 2\alpha_2$ ansetzen (warum genügt $\vartheta = \alpha_1 \pm \alpha_2$ nicht?) und bekommt als galoissche Resolvente von $f(x)$ i. a. ein Polynom 8-ten Grades, also $[\mathsf{W} : \mathsf{K}] = 8$. Nun wende man Satz 105 [96] an. Sollte aber $\sqrt{b}$ oder $\sqrt{b(a^2 - 4b)}$ zu K gehören (beide zugleich können nicht zu K gehören, weil sonst $f(x)$ nach § 1, Aufg. 11 reduzibel wäre), so wird $[\mathsf{W} : \mathsf{K}] = 4$. Zur Entscheidung, welcher der beiden Fälle $\mathfrak{D}_2$ oder $\mathfrak{Z}_4$ dann jeweils vorliegt, beachte man, daß $\sqrt{b} = \alpha_1 \alpha_2$ und $\sqrt{b(a^2 - 4b)} = \alpha_1 \alpha_2 (\alpha_1^2 - \alpha_2^2)$ ist, und wende Satz 107 an. Für jeden der beiden letzten Fälle weise man die Beziehung $\mathsf{W} = \mathsf{K}(\alpha_1)$ nach, die $\mathfrak{G} = \mathfrak{D}_4$ ausschließt.

8. Eine Permutationsgruppe von p Elementen (p Primzahl) heißt **linear**, wenn ihre Permutationen $R = \begin{pmatrix} k \\ r_k \end{pmatrix}$ $(k = 0, 1, \ldots, p-1)$ durch ganze lineare Funktionen $ax + b$ $(a \neq 0)$ über dem Primkörper P_p in der Form

$$r_k e = a \cdot ke + b = ka + b \quad (k = 0, 1, \ldots, p-1)$$

hervorgebracht werden können (vgl. auch § 4, Aufg. 14). — Man beweise, daß die sämtlichen $p(p-1)$ linearen Funktionen über P_p so eine transitive Permutationsgruppe $\mathfrak{L}_p$ liefern, in der die p Permutationen $r_k e = ke + b$ einen zyklischen Normalteiler $\mathfrak{Z}_p$ mit zyklischer Faktorgruppe $\mathfrak{L}_p/\mathfrak{Z}_p$ bilden, und die $p-1$ Permutationen $r_k e = ka$ eine zyklische Untergruppe $\mathfrak{Z}_{p-1}$ mit $p-1$ davon und untereinander verschiedenen konjugierten.

Die Gruppeneigenschaft und Transitivität sieht man ohne weiteres ein. Ist re ein Basiselement der zyklischen Multiplikationsgruppe von P_p (§ 5, Aufg. 6) und bezeichnen A und B die Permutationen $r_k = ke + e = (k+1)e$ und $r_k = kre$, so bestätigt man leicht die Relationen

$$A^p = E, \quad B^{p-1} = E, \quad B^{-1}AB = A^r$$

und daß $p, p-1$ auch die genauen Ordnungen von A, B sind. Hiernach übersieht man die Gruppenelemente in der Darstellung $A^\mu B^\nu$ ($\mu = 0, 1, \ldots, p-1$; $\nu = 0, 1, \ldots, p-2$) und alle Relationen zwischen ihnen.

9. Man beweise, daß die Galoisgruppe eines irreduziblen separablen Polynoms vom Grade 3 (Aufg. 3) stets linear ist.

Die alternierende und die symmetrische Permutationsgruppe von $p = 3$ Elementen entsprechen in Aufg. 7 dem Normalteiler $\mathfrak{Z}_p$ und der vollen linearen Gruppen $\mathfrak{L}_p$ (vgl. auch **1**, §§ 6, 7, Beisp. 4).

10. Man beweise allgemein, daß die Diedergruppe $\mathfrak{D}_p$ ($p \neq 2$) isomorph als lineare transitive Permutationsgruppe zur Primzahl p darstellbar ist.

$\mathfrak{D}_p$ ist isomorph zu dem aus A und $B^{\frac{p-1}{2}}$ erzeugten Normalteiler von $\mathfrak{L}_p$. Man beachte dazu $r^{\frac{p-1}{2}} \equiv -1 \bmod. p$ (§ 14, Aufg. 8), so daß die Erzeugenden die zyklische Permutation $r_k e = (k+1)e$ und die Permutation $r_k e = -ke$ sind.

11. Man beweise: Ist die Galoisgruppe $\mathfrak{G}$ eines irreduziblen separablen Polynoms $f(x)$ von Primzahlgrad p linear, so ist $\mathfrak{G}$ eine solche Untergruppe von $\mathfrak{L}_p$, die den Normalteiler $\mathfrak{Z}_p$ enthält. — Man beweise ferner, daß es für jeden Teiler d von $p-1$ genau eine solche Gruppe $\mathfrak{G}$ gibt (Bezeichnung $\mathfrak{L}_p^{(d)}$) und daß $\mathfrak{L}_p^{(d)}$ Normalteiler von $\mathfrak{L}_p = \mathfrak{L}_p^{(p-1)}$ ist.

Auf Grund von Aufg. 1 und **1**, § 16, Aufg. 7 findet man, daß $\mathfrak{G}$ notwendig eine Potenz $A^\mu \neq E$ enthält.

§ 17. Der Fundamentalsatz der Galoisschen Theorie.

1. Die in Fig. 1 (zu Satz 109) gegebene graphische Darstellung der Strukturverhältnisse im Fundamentalsatz der Galoisschen Theorie läßt sich folgendermaßen ausbauen:

Man ordne jeder endlichen Gruppe $\mathfrak{G}$ einen **Graph** zu, in dem dargestellt wird: jede Untergruppe $\mathfrak{H}$ durch einen

Punkt, jede Relation $\mathfrak{H} \leqq \mathfrak{H}'$ zwischen zwei Untergruppen durch einen von $\mathfrak{H}'$ nach $\mathfrak{H}$ gerichteten Pfeil. Für

$$\mathfrak{H} \leqq \mathfrak{H}' \leqq \mathfrak{H}''$$

sind drei Pfeile zu ziehen, entsprechend $\mathfrak{H} \leqq \mathfrak{H}'$, $\mathfrak{H}' \leqq \mathfrak{H}''$, $\mathfrak{H} \leqq \mathfrak{H}''$, die man entweder eng nebeneinander legen oder durch krummlinige Ausführung auseinanderhalten mag. Sind $\mathfrak{H}$ und $\bar{\mathfrak{H}}$ konjugierte Untergruppen von $\mathfrak{H}'$, so gebe man den beiden zugehörigen Pfeilen die gleiche Farbe, sonst nicht; Pfeile, von deren Ausgangspunkt kein Pfeil gleicher Farbe ausgeht, entsprechen also als Normalteiler enthaltenen Untergruppen. An jeden Pfeil schreibe man schließlich eine Zahl, die den Index der betr. Untergruppe $\mathfrak{H}$ in $\mathfrak{H}'$ angibt.

Entsprechend ordne man jeder separablen normalen Erweiterung N von endlichem Grade eines Körpers K einen Graph zu, der alle Zwischenkörper Λ durch Punkte, alle Teilkörperrelationen $\Lambda' \leqq \Lambda$ durch von Λ' nach Λ gerichtete Pfeile, die Konjugiertheit durch gleiche Farbe der betr. Pfeile und den Grad $[\Lambda : \Lambda']$ durch eine Zahl an dem zugehörigen Pfeil darstellt.

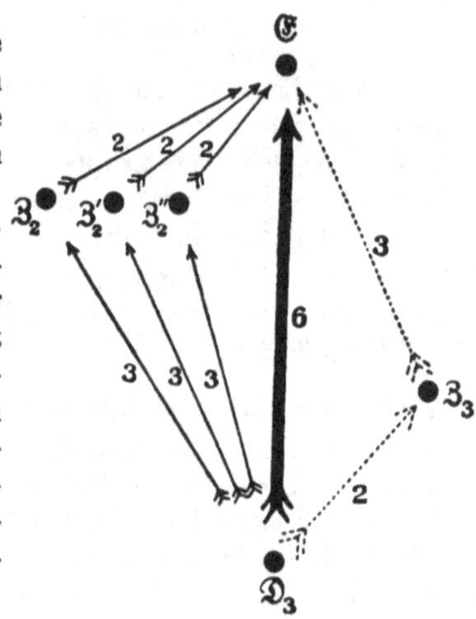

Dann besagt der Fundamentalsatz der Galoisschen Theorie, daß der Graph von N über K mit dem Graph der zugehörigen Galoissgruppe $\mathfrak{G}$ in allen bei der Konstruktion der Graphen zugrunde gelegten Bestimmungsstücken übereinstimmt.

Als Beispiel eines Graphen sei der nebenstehende für die Diedergruppe $\mathfrak{D}_3$, oder also die symmetrische Gruppe $\mathfrak{S}_3$ von 3 Elementen, angegeben[1]).

Man stelle so die Graphen für die Gruppen $\mathfrak{Z}_p, \mathfrak{Z}_{2p}, \mathfrak{D}_p, \mathfrak{D}_{2p}$ (p Primzahl), $\mathfrak{T} \cong \mathfrak{A}_4, \mathfrak{O} \cong \mathfrak{S}_4, \mathfrak{J} \cong \mathfrak{A}_5, \mathfrak{L}_5$ auf und mache sich dadurch die Struktur von separablen normalen Erweiterungen mit diesen Galoisgruppen klar.

Man benutze die in den Aufgaben zu 1, §§ 6—9, sowie in § 16, Aufg. 8—10 erhaltenen Erkenntnisse über die genannten Gruppen. Für $\mathfrak{Z}_{2p}, \mathfrak{D}_p, \mathfrak{D}_{2p}$ unterscheide man, ob $p = 2$ oder $p \neq 2$ ist.

2. Man stelle den Graph der Gruppe $\mathfrak{Q}$ der Ordnung 8 auf, die aus den Elementen A, B, V mit den Relationen

$$A^2 = V,\ B^2 = V,\ V^2 = E,$$
$$AV = VA,\ BV = VB,\ BA = VAB$$

erzeugt ist (Quaternionengruppe). Wieviele Serien von mehr als einer konjugierten Untergruppe gibt es in $\mathfrak{Q}$?

Die 8 Elemente von $\mathfrak{Q}$ lassen sich wegen $A^2 = B^2$, $A^4 = E$ eindeutig in der Form $A^\mu B^\nu$ (μ mod. 4, $0 \leqq \nu < 2$) darstellen. A, B, AB erzeugen je eine Untergruppe vom Typus $\mathfrak{Z}_4$; diese sind verschieden und Normalteiler. V erzeugt einen Normalteiler vom Typus $\mathfrak{Z}_2$. Das sind schon alle echten Untergruppen.

3. Man beweise die Verschiedenheit der fünf Typen von Gruppen der Ordnung 8, die sich aus dem bisher gewonnenen Material ergeben, nämlich $\mathfrak{Z}_8, \mathfrak{Z}_4 \times \mathfrak{Z}_2, \mathfrak{Z}_2 \times \mathfrak{Z}_2 \times \mathfrak{Z}_2, \mathfrak{D}_4, \mathfrak{Q}$. Man zeige ferner, daß es keine weiteren Gruppentypen der Ordnung 8 gibt.

Die Verschiedenheit ergibt sich aus der Verschiedenheit der Graphen. Doch braucht man diese nicht voll auszunutzen. Z. B. sind die drei ersten Typen, von den beiden letzten sicher verschieden (abelsch — nicht-abelsch), ferner die drei ersten untereinander (§ 3, Aufg. 16), und schließlich die beiden letzten (Eigenschaft aus Aufg. 2). — Die Vollständigkeit des angegebenen Systems der abelschen Typen folgt aus § 3, Aufg. 15. Eine nicht-abelsche Gruppe $\mathfrak{G}$ der Ordnung 8 enthält entweder ein Element A der Ordnung 4, das dann notwendig einen Normalteiler $\mathfrak{N}$ erzeugt.

[1]) Aus drucktechnischen Gründen sind die verschiedenen Farben durch verschiedene Strichausführungen dargestellt.

Ist dann $\mathfrak{G} = \mathfrak{N} + \mathfrak{N}B$, so ist notwendig $B^{-1}AB = A^{-1}$ und B^2 in $\mathfrak{N}$, und man kommt auf $\mathfrak{D}_4$ oder $\mathfrak{Q}$, je nachdem $B^2 = E$ ist oder nicht. Es bleibt also nur noch der Fall einer nicht-abelschen Gruppe auszuschließen, in der alle Elemente $\neq E$ die Ordnung 2 haben. Dies geschieht leicht, indem man aus $A^2 = E$, $B^2 = E$, $(AB)^2 = E$ die Vertauschbarkeit von A und B folgert.

4. Unter den Voraussetzungen von Satz 109 für einen unendlichen Grundkörper K konstruiere man, ausgehend von einem primitiven Element ϑ von N, ein zu einer gegebenen Untergruppe $\mathfrak{H}$ von $\mathfrak{G}$ gehöriges Element β aus N (Def. 36).

Man lege die in Satz 112 gegebene Charakterisierung eines solchen Elements β zugrunde und setze β in der Form

$$\beta = (a - \vartheta_{A_1}) \cdots (a - \vartheta_{A_m})$$

an, wo $A_1, \ldots, A_m$ die Elemente von $\mathfrak{H}$ sind und a ein geeignet zu bestimmendes Element aus K ist. Für diese Bestimmung wende man Satz 49 [41] an.

5. Man wende Satz 114 auf $\mathsf{K} = \mathsf{P}$, den Wurzelkörper des Polynoms $x^3 - 2 \equiv (x - \sqrt[3]{2})(x - \varrho\sqrt[3]{2})(x - \varrho^2\sqrt[3]{2})$ $\left(\text{wo } \varrho = \dfrac{-1 + \sqrt{-3}}{2}\right)$ als N und $\vartheta = \sqrt[3]{2} + a\varrho\sqrt[3]{2}$ ($a \neq 0, \pm 1$ aus P; siehe § 13, Aufg. 2) an und bestimme die dortigen Zerlegungen (1.)—(4.) für die beiden verschiedenen Teilkörpertypen $\Lambda = \mathsf{P}(\sqrt[3]{2})$ und $\Lambda = \mathsf{P}(\sqrt{-3})$.

$\mathfrak{G}$ ist die Diedergruppe $\mathfrak{D}_3$ (§ 16, Aufg. 5), also gegeben durch $A^3 = E$, $B^2 = E$, $AB = BA^{-1}$. Bei geeigneter Wahl von A und B unter gleichberechtigten (konjugierten) ist $\vartheta_A = \varrho\sqrt[3]{2} + a\varrho^2\sqrt[3]{2}$ $= \varrho\vartheta$, $\vartheta_B = \sqrt[3]{2} + a\varrho^2\sqrt[3]{2}$. Damit ergibt sich alles leicht.

6. Man zeige, daß das im Bew. zu Satz 90 [80] konstruierte Element $\vartheta = \alpha_1 + a\alpha_2$ Wurzel eines Polynoms aus K vom Grade $n_1 n_2$ ist.

Um zu zeigen, daß das Polynom

$$g(x) \equiv \prod_{\nu_1=1}^{n_1} \prod_{\nu_2=1}^{n_2} (x - \vartheta_{\nu_1\nu_2}) \equiv \prod_{\nu_1=1}^{n_1} \prod_{\nu_2=1}^{n_2} (x - \alpha_{1\nu_1} - a\alpha_{2\nu_2})$$

zu K gehört, zeige man zunächst, daß

$$\varphi(x, x') \equiv \prod_{\nu_2=1}^{n_2} (x - x' - a\alpha_{2\nu_2})$$

Koeffizienten in K hat, und dann, daß

$$g(x) \equiv \prod_{\nu_1=1}^{n_1} \varphi(x, \alpha_{1\nu_1})$$

Koeffizienten in K hat, beidesmal unter Anwendung von Satz 107 [98] und Satz 112 auf die Koeffizienten als Elemente der Wurzelkörper von $f_1(x)$ und $f_2(x)$.

7. Es sei $f(x) \equiv (x - \alpha_1) \cdots (x - \alpha_n)$ ein irreduzibles separables Polynom aus K in seiner Zerlegung in Linearfaktoren im Wurzelkörper W. Man beweise, daß die Elemente $\alpha_1 + \alpha_2, \alpha_1\alpha_2$ und allgemeiner $\vartheta = (\alpha_1 + \alpha_2) + a\alpha_1\alpha_2$ mit beliebigem a aus K Wurzeln von Polynomen aus K vom Grade $\binom{n}{2} = \frac{n(n-1)}{2}$ sind.

Man schließe entsprechend wie in Aufg. 6, hier natürlich in nur einem Schritt, durch Betrachtung des Polynoms

$$g(x) \equiv \prod_{\{i,k\}} (x - \vartheta_{ik}),$$

wo $\vartheta_{ik} = (\alpha_i + \alpha_k) + a\alpha_i\alpha_k$ ist und $\{i, k\}$ die $\binom{n}{2}$ Kombinationen zweiter Ordnung der Zahlen $1, \ldots, n$ durchläuft. Man beachte dazu 1, Satz 59 [108].

8. In Aufg. 7 sei zudem K unendlich, und a sei ähnlich wie im Beweis zu Satz 90 [80] so bestimmt, daß die ϑ_{ik} alle untereinander verschieden sind. Man beweise, daß dann $\alpha_1 + \alpha_2$ und $\alpha_1\alpha_2$ zum Teilkörper K(ϑ) von W gehören.

Die als Permutationen der α_i dargestellten Automorphismen der Galoisgruppe von W führen ϑ in eine gewisse Teilmenge der ϑ_{ik} und $\alpha_1 + \alpha_2, \alpha_1\alpha_2$ in die entsprechende Teilmenge der $\alpha_i + \alpha_k$, $\alpha_i\alpha_k$ über. Nach Wahl von ϑ läßt die zu K(ϑ) gehörige Untergruppe bei ihrer Darstellung durch Permutationen der α_i die Kombination $\{1, 2\}$ und somit $\alpha_1 + \alpha_2$ und $\alpha_1\alpha_2$ invariant. Die Behauptung folgt dann aus Satz 109, (I b).

9. Auf Grund von Aufg. 7, 8 und im Anschluß an § 11, Aufg. 1 beweise man durch vollständige Induktion nach der im Grad n steckenden Potenz von 2, daß jedes irreduzible Polynom $f(x)$ aus dem Körper K aller reellen Zahlen im Körper Λ aller komplexen Zahlen eine Wurzel besitzt (sog. Fundamentalsatz der Algebra).

Man beachte, daß $\binom{n}{2}$ für gerades n die nächstniedrigere Potenz von 2 enthält als n. Ferner beachte man, daß α_1 und α_2 die Wurzeln des quadratischen Polynoms $x^2 - (\alpha_1 + \alpha_2)x + \alpha_1\alpha_2$ über $\mathsf{K}(\alpha_1 + \alpha_2, \alpha_1\alpha_2)$ sind, und daß in $\Lambda = \mathsf{K}(i)$ jedes quadratische Polynom reduzibel ist:

$$\sqrt{a+bi} = \pm\left(\sqrt{\frac{a+\sqrt{a^2+b^2}}{2}} + \operatorname{sgn} b \sqrt{\frac{-a+\sqrt{a^2+b^2}}{2}}\, i\right)$$

$(a, b$ reell).

10. Die Galoisgruppe $\mathfrak{G}$ einer separablen normalen Erweiterung N von endlichem Grade über K sei direktes Produkt der Untergruppen $\mathfrak{H}_1, \ldots, \mathfrak{H}_r$ (§ 3, Aufg. 9). Man führe die Teilkörper N_i ein, die nach dem Fundamentalsatz der Galoisschen Theorie den Komposita $\mathfrak{G}_i$ der $\mathfrak{H}_k (k \neq i)$ zugeordnet sind, und beschreibe die Struktur von N durch diese Teilkörper N_i.

Man findet nach Satz 109, 110, Zusatz: N ist Kompositum der N_i, und zwar derart, daß N_i mit dem Kompositum der $\mathsf{N}_k (k \neq i)$ den Durchschnitt K hat. Die Galoisgruppe von N_i ist zu $\mathfrak{H}_i$ isomorph.

11. N heißt direktes Kompositum der normalen Teilkörper N_i, wenn N Kompositum der N_i ist und jedes N_i mit dem Kompositum der N_k $(k \neq i)$ den Durchschnitt K hat. — Man beweise in Umkehrung zu Aufg. 10, daß dann $\mathfrak{G}$ direktes Produkt von Untergruppen $\mathfrak{H}_i$ ist, die zu den Galoisgruppen der N_i isomorph sind.

Das folgt ganz entsprechend aus Satz 109, 110, Zusatz.

12. Man führe hiernach die Struktur der separablen abelschen Erweiterungen auf die Struktur der separablen zyklischen Erweiterungen zurück.

Man wende den Fundamentalsatz für endliche abelsche Gruppen (§ 3, Aufg. 15) an.

13. Wie in § 16, Aufg. 11 sei $f(x)$ ein irreduzibles separables Polynom aus K von Primzahlgrad p mit linearer Galoisgruppe $\mathfrak{G}$. Ferner seien α_1, α_2 irgend zwei verschiedene Wurzeln von $f(x)$. Man beweise, daß $\mathsf{K}(\alpha_1, \alpha_2)$ bereits mit dem Wurzelkörper W von $f(x)$ identisch ist.

$\mathfrak{G}$ stellt sich als eine lineare Permutationsgruppe $\mathfrak{L}_p^{(d)}$ (§ 16, Aufg. 8, 11) der Indizes der geeignet angeordneten Wurzeln $\alpha, \alpha', \ldots, \alpha^{(p-1)}$ von $f(x)$ dar. Diese Anordnung $\alpha^{(k)}$ kann dabei von vornherein noch einer festen linearen Permutation der Form $ke \to ka_0 + b_0 (a_0 \neq 0, b_0$ aus $\mathsf{P}_p)$ unterworfen werden, und diese lineare Permutation kann (eindeutig) so normiert werden, daß α, α' gerade die beiden gegebenen Wurzeln α_1, α_2 sind. $\mathsf{K}(\alpha)$ und $\mathsf{K}(\alpha')$ gehören dann als Teilkörper von W zu denjenigen Untergruppen von $\mathfrak{L}_p^{(d)}$, die die Elemente 0 bzw. e aus P_p festlassen. Das sind in den Bezeichnungen aus § 16, Aufg. 8, 11 die aus $B_0 = B^{\frac{p-1}{d}}$ und die aus $A^{-1} B_0 A$ erzeugten zyklischen Untergruppen. Man hat gemäß Satz 110 zu zeigen, daß der Durchschnitt dieser beiden Untergruppen die identische Untergruppe ist.

14. Was folgt aus diesem Resultat über die Realitätsverhältnisse der Wurzeln von $f(x)$ im Körper aller komplexen Zahlen für den Spezialfall $\mathsf{K} = \mathsf{P}$, $p \neq 2$? Welchem der beiden Typen gehören die zyklischen $f(x)$ an?

Man beachte § 11, Aufg. 1.

15. Wie zerfällt $f(x)$ unter den Voraussetzungen von Aufg. 13 im Stammkörper $\mathsf{\Sigma} = \mathsf{K}(\alpha)$ einer Wurzel α von $f(x)$ in irreduzible Faktoren?

Nach der Erl. zu Aufg. 13 gehört $\mathsf{\Sigma}$ als Teilkörper von W zu der durch B_0 erzeugten zyklischen Untergruppe. W ist also zyklisch vom Grade d über $\mathsf{\Sigma}$, ferner $\mathsf{W} = \mathsf{\Sigma}(\alpha') = \cdots = \mathsf{\Sigma}(\alpha^{(p-1)})$ nach Aufg. 13. Daraus ergibt sich leicht, daß $\frac{f(x)}{x-\alpha}$ in $\mathsf{\Sigma}$ in $\frac{p-1}{d}$ irreduzible Faktoren vom Grade d zerfällt, deren Wurzeln jeweils die Serien $\alpha^{(k)}$ mit mod. $\frac{p-1}{d}$ kongruenten k sind.

16. Es sei $f(x)$ ein irreduzibles separables Polynom in K und W sein Wurzelkörper. Man beschreibe die Zerlegung von $f(x)$ in irreduzible Faktoren in einem Teilkörper Λ von W über K, von der Darstellung der Galoisgruppe von W durch Permutationen der Wurzeln von $f(x)$ ausgehend. Man ordne insbesondere Aufg. 15 diesem allgemeinen Tatbestand unter.

Man wende § 16, Aufg. 2 kombiniert mit Satz 109 an.

17. (G. Ancochea, Madrid) Das Polynom $f(x) = x^4 + ax^3 + bx^2 + ax + 1$ sei irreduzibel über einem Körper K mit von 2 verschiedener Charakteristik. Man bestimme

a) eine notwendige und hinreichende Bedingung für Normalität,

b) die Galoisgruppe von $f(x)$.

Zu a): Durch die Substitution $x + \frac{1}{x} = z$ erhält man eine Reduktion der Gleichung $f(x) \doteq 0$ auf zwei quadratische Gleichungen. Wendet man Satz 99, III mit $\mathsf{K}\left(\sqrt{a^2 - 4(b-2)}\right)$ anstelle von K an, so erhält man als notwendige und hinreichende Bedingung für Normalität: $\sqrt{(b+2)^2 - 4a^2}$ liegt in $\mathsf{K}\left(\sqrt{a^2 - 4(b-2)}\right)$. Das ist erfüllt, wenn entweder $M = (b+2)^2 - 4a^2$ oder $N = \frac{(b+2)^2 - 4a^2}{a^2 - 4(b-2)}$ Quadrat in K ist.

Zu b): Im ersten Falle ergibt sich eine abelsche Gruppe der Ordnung 4, die bei geeigneter Numerierung der Wurzeln von $f(x)$ durch die Permutationen $(x_1x_2)(x_3x_4)$, $(x_1x_3)(x_2x_4)$ erzeugt wird, die sogenannte Vierergruppe. Im zweiten Falle ergibt sich eine zyklische Gruppe der Ordnung 4.

§ 18. Abhängigkeit vom Grundkörper.

1. Man zeige durch Angabe eines Gegenbeispiels, daß für die Gradrelationen in Satz 119, (I) die Voraussetzung der Normalität von N wesentlich ist.

Um keine Schwierigkeiten mit der freien Komposition zu haben, gehe man von einem geeigneten Körper $\overline{\mathsf{N}}$ über K aus und wähle N und auch $\overline{\Lambda}$ als über K nicht normale Teilkörper mit dem Kompositum $\overline{\mathsf{N}}$. Es genügt etwa, für $\overline{\mathsf{N}}$ einen normalen separablen

Körper mit der Galoisgruppe $\mathfrak{D}_3 \simeq \mathfrak{S}_3$ zu nehmen (siehe § 17, Aufg. 1), oder man kann allgemeiner auch an § 17, Aufg. 13 anknüpfen.

2. Man wähle in Satz 119 speziell $\overline{\mathsf{\Lambda}} = \mathsf{K}(x)$ und beweise, daß dann der Durchschnitt $\mathsf{\Lambda} = \mathsf{K}$ wird. Man mache sich danach die Bedeutung der übrigen Aussagen von Satz 119 für diesen Fall klar.

Da jedenfalls $\mathsf{\Lambda}$ separabel von endlichem Grade, also einfach algebraisch über K ist, kommt es darauf an, zu zeigen, daß $\mathsf{K}(x)$ außer K keine einfachen algebraischen Teilkörper über K hat. Man wende § 7, Aufg. 5, sowie Satz 71 [59] an, oder auch einfach **1**, § 4, Aufg. 4.

3. Es seien $\mathsf{N}_1, \mathsf{N}_2$ separable normale Erweiterungen endlichen Grades über K. Man beweise, daß dann auch ihr freies Kompositum $\mathsf{N} = \{\mathsf{N}_1, \mathsf{N}_2\}$ und ihr Durchschnitt $\mathsf{N}_0 = [\mathsf{N}_1, \mathsf{N}_2]$ separabel normal über K sind.

Die Normalität des Kompositums von N über K folgt unmittelbar aus der Def. 29 [84] der Normalität unter Berücksichtigung der Tatsache, daß das freie Kompositum innerhalb jeder es enthaltenden Erweiterung $\mathsf{\Lambda}$ das gewöhnliche Kompositum ist. Die Separabilität von N über K folgt ebenso nach Satz 90 [80]. Für den Durchschnitt N_0 siehe Satz 119, (III).

4. Im Anschluß an Aufg. 3 seien $\mathfrak{G}_1, \mathfrak{G}_2, \mathfrak{G}$ die Galoisgruppen von $\mathsf{N}_1, \mathsf{N}_2, \mathsf{N}$ über K und $\mathfrak{G}_{01}, \mathfrak{G}_{02}$ die dem normalen Teilkörper N_0 von $\mathsf{N}_1, \mathsf{N}_2$ zugeordneten Normalteiler von $\mathfrak{G}_1, \mathfrak{G}_2$. Dann ist also $\mathfrak{G}_1/\mathfrak{G}_{01} \cong \mathfrak{G}_2/\mathfrak{G}_{02}$ (Galoisgruppe von N_0). Man zeige, daß der Typus von $\mathfrak{G}$ eindeutig bestimmt ist durch die Typen von $\mathfrak{G}_1$ und $\mathfrak{G}_2$ sowie durch die Angabe des Isomorphismus zwischen $\mathfrak{G}_1/\mathfrak{G}_{01}$ und $\mathfrak{G}_2/\mathfrak{G}_{02}$, daß nämlich $\mathfrak{G}$ isomorph ist zu derjenigen Untergruppe $\mathfrak{G}$ des direkten Produkts $\mathfrak{G}_1 \times \mathfrak{G}_2$, für deren Elemente die eindeutig bestimmten Komponenten S_1 aus $\mathfrak{G}_1$, S_2 aus $\mathfrak{G}_2$ zu bei jenem Isomorphismus zugeordneten Restklassen nach $\mathfrak{G}_{01}, \mathfrak{G}_{02}$ gehören.

Jeder Automorphismus S von N ist eindeutig charakterisiert durch die beiden von ihm bewirkten Automorphismen S_1, S_2 von $\mathsf{N}_1, \mathsf{N}_2$, und der Multiplikation der S entspricht dabei die elementweise Multiplikation der zugeordneten Paare (S_1, S_2). $\mathfrak{G}$ ist also isomorph zu einer Untergruppe $\overline{\mathfrak{H}}$ der Gruppe aller jener Paare bei elementweiser Multiplikation, d. h. des direkten Produkts $\mathfrak{G}_1 \times \mathfrak{G}_2$. Aus dem Verhalten der Elemente von N_0 stellt man sofort fest, daß $\overline{\mathfrak{H}}$ jedenfalls Untergruppe der in der Behauptung genannten Untergruppe $\overline{\mathfrak{G}}$ von $\mathfrak{G}_1 \times \mathfrak{G}_2$ ist. Es genügt also, noch zu beweisen, daß $\mathfrak{G}$ und $\overline{\mathfrak{G}}$ dieselbe Ordnung haben. Die Ordnung von $\mathfrak{G}$ ist nach Satz 119 bekannt, die Ordnung von $\overline{\mathfrak{G}}$ bestimmt sich leicht direkt aus der Definition. — Man hüte sich, die Elemente (S_1, S_2) von $\mathfrak{G}_1 \times \mathfrak{G}_2$ einfach als Produkte $S_1 S_2$ zu schreiben; denn S_1 und S_2 sind als Automorphismen der beiden verschiedenen Körper N_1, N_2 gar nicht im Sinne von Satz 104 [93] multiplizierbar. Eine sinnvolle Produktschreibweise ist vielmehr nur $(S_1, S_2) = (S_1, E_2)\,(E_1, S_2)$ (E_1, E_2 die Einselemente von $\mathfrak{G}_1, \mathfrak{G}_2$). Hier durchlaufen die Faktoren $\overline{S}_1 = (S_1, E_2), \overline{S}_2 = (E_1, S_2)$ zu $\mathfrak{G}_1, \mathfrak{G}_2$ isomorphe Gruppen $\overline{\mathfrak{G}}_1, \overline{\mathfrak{G}}_2$. $\overline{\mathfrak{G}}_1 \times \overline{\mathfrak{G}}_2$ ist dann die hier zugrunde zu legende Realisierung des Typus $\mathfrak{G}_1 \times \mathfrak{G}_2$.

5. Es seien $f(x)$, $g(x)$ zwei irreduzible separable Polynome in K der Grade m, n, ferner α, β je eine Wurzel von $f(x)$, $g(x)$ und

$$f(x) \equiv \varphi_1(x) \ldots \varphi_r(x),$$
$$g(x) \equiv \psi_1(x) \ldots \psi_s(x)$$

die Zerlegungen von $f(x)$, $g(x)$ in $K(\beta)$, $K(\alpha)$ in irreduzible Faktoren. Man beweise, daß $r = s$ ist und daß für die Grade m_i, n_i der $\varphi_i(x)$, $\psi_i(x)$ (bei passender Reihenfolge) $\frac{m_i}{n_i} = \frac{m}{n}$ gilt (Kroneckerscher Satz).

Man stelle die Galoisgruppe $\mathfrak{G}$ des Wurzelkörpers W von $f(x) g(x)$ als Permutationsgruppe der Wurzeln α_i, β_k von $f(x), g(x)$ dar. Die in Aufg. 4 herausgestellte Struktur von $\mathfrak{G}$ entspricht dann der Zerlegung dieser Permutationen entsprechend den beiden Systemen durch $\mathfrak{G}$ transitiv verbundener Elemente, nämlich dem System der α_i einerseits und dem System der β_k andrerseits (§ 16, Aufg. 2). Ist $\mathfrak{H}_\beta$ die zu $K(\beta)$ gehörige Untergruppe von $\mathfrak{G}$, so entspricht die Zerlegung von $f(x)$ in $K(\beta)$ den verschiedenen Systemen bei $\mathfrak{H}_\beta$ transitiv verbundener α_i (etwas allgemeiner als in § 17, Aufg. 16), und Gradvergleich in $K(\alpha_i, \beta)$ liefert $m_i n = m \overline{n}_i$, wo $\overline{n}_i$ der Grad des zu β gehörigen irreduziblen Faktors $\overline{\psi}_i(x)$ von $g(x)$ in

$\mathsf{K}(\alpha_i)$ ist. Man hat nun auf Grund der in Aufg. 4 herausgestellten Struktur von $\mathfrak{G}$ zu zeigen, daß die r Polynome $\overline{\psi}_i(x)$, wo α_i von jedem $\varphi_i(x)$ genau eine Wurzel durchläuft, eineindeutig den irreduziblen Faktoren $\psi_i(x)$ von $g(x)$ in $\mathsf{K}(\alpha)$ zugeordnet sind. Dazu wende man auf $\overline{\psi}_i(x)$ jeweils einen solchen Automorphismus S_i aus $\mathfrak{G}$ an, der α_i in α überführt. Aus Symmetriegründen genügt es schon, zu zeigen, daß die Zuordnung in einer Richtung eindeutig ist, etwa daß die durch die S_i entstehenden Polynome $\psi_i(x) \equiv \overline{\psi}_{iS_i}(x)$ alle voneinander verschieden sind, demnach also $s \geqq r$ ist.

6. Man führe die Zerlegungen aus Aufg. 5 in dem einfachen Spezialfall der beiden irreduziblen Polynome $x^6 - 2$, $x^9 - 2$ aus P durch.

7. Man führe den Beweis des Satzes aus § 17, Aufg. 14 durch Erweiterung von P zum Körper aller reellen Zahlen $\overline{\mathsf{P}}$ und Anwendung von Satz 119 durch.

Hat $f(x)$ mindestens eine nichtreelle Wurzel, so ist der Übergang zum konjugiert-komplexen ein Automorphismus der Ordnung 2 für den Wurzelkörper, also bei passender Normierung des B aus § 16, Aufg. 8 die Potenz $B_0 = B^{\frac{p-1}{2}}$. Bei der Erweiterung auf $\overline{\mathsf{P}}$ muß sich die Galoisgruppe $\mathfrak{L}_p^{(d)}$ auf eine Untergruppe der Ordnung 2 reduzieren, die sich daraus bestimmt, daß B_0 zu ihr gehört. Man wende dann § 16, Aufg. 2 an.

2, V. Auflösbarkeit algebraischer Gleichungen durch Wurzelzeichen.

§ 19. Definition der Auflösbarkeit durch Wurzelzeichen.

1. Man gebe ein Beispiel für ein über einem Körper K algebraisches Element α, das Wurzel eines reinen Polynoms (von höherem als erstem Grade) aus einer echten Erweiterung $\overline{\mathsf{K}}$ von K, aber nicht Wurzel eines reinen Polynoms aus K ist (vgl. Anm. 2).

Man nehme etwa $\mathsf{K} = \mathsf{P}$, $\overline{\mathsf{K}} = \mathsf{P}(\sqrt{2})$. Man kann dann leicht Zahlen $\alpha_0 = a + b\sqrt{2}$ aus $\mathsf{P}(\sqrt{2})$ angeben, die kein Quadrat in $\mathsf{P}(\sqrt{2})$ sind, und deren sämtliche (von 1 verschiedenen) Potenzen nicht in P liegen. Für das erstere überlege man sich, daß mit

$\alpha_0 = a + b\sqrt{2}$ auch $\bar{\alpha}_0 = a - b\sqrt{2}$ Quadrat in $P(\sqrt{2})$, also $\alpha_0\bar{\alpha}_0 = a^2 - 2b^2$ Quadrat in P sein müßte. Eine Wurzel α von $x^2 - \alpha_0$ erfüllt dann die gestellten Forderungen.

2. Man zeige, daß ein Polynom der Gestalt $f(x) \equiv x^4 + ax^2 + b$ aus einem Körper mit von 2 verschiedener Charakteristik stets durch Wurzelzeichen auflösbar ist.

Bezüglich der Irreduzibilität der leicht angebbaren reinen Gleichungen, die zur Konstruktion der Wurzeln von $f(x)$ führen, beachte man, daß die vier Wurzeln von $f(x)$ notwendig von der Form $\pm\alpha$, $\pm\beta$ sind, und daß deswegen $f(x)$ höchstens dann irreduzibel ist, wenn $f_0(x_0) \equiv x_0^2 + ax_0 + b$ irreduzibel ist, d. h. wenn $a^2 - 4b$ kein Quadrat im Grundkörper ist. Dann ist die erste der beiden in Rede stehenden reinen Gleichungen irreduzibel, die zweite jedoch nicht notwendig (Gegenbeispiel!). Damit auch letzteres der Fall ist, ist notwendig und hinreichend, daß, wenn $b = b_0^2$ im Grundkörper ist, weder $-a + 2b_0$ noch $-a - 2b_0$ Quadrat im Grundkörper ist. Diese Zusatzbedingung erweist sich zudem, zusammen mit der Irreduzibilität von $f_0(x_0)$, als hinreichend für die Irreduzibilität von $f(x) \equiv f_0(x^2)$.

3. Man zeige, daß ein Polynom $f(x)$ vom Grade 6 aus einem Körper mit von 2 verschiedener Charakteristik, das die Eigenschaften $x^6 f\left(\frac{e}{x}\right) \equiv -f(x)$, $f(-x) \equiv f(x)$ hat, stets durch Wurzelzeichen auflösbar ist.

Durch Abspaltung des Linearfaktors $x^2 - e$ kommt man auf den Fall von Aufg. 2.

§ 20. Kreisteilungskörper. Endliche Körper.

1. Man berechne die Diskriminante (§ 6, Aufg. 18) des Polynoms $x^n - e$.

Man benutzt am einfachsten § 6, Aufg. 18, b) und die letzte der Vietaschen Formeln (§ 5, Aufg. 13). Man kann auch § 6, Aufg. 17, 19 kombinieren.

2. Um zu beweisen, daß mindestens eine und sogar genau $\varphi(n)$ primitive n-te Einheitswurzeln existieren (Satz 120 und Zusatz), kann man auch so vorgehen: Nach Feststellung der Verschiedenheit der Wurzeln von $x^n - e$ (unter

der Charakteristikeinschränkung) kombiniere man aus den Polynomen $x^t - e$, wo t geeignete Teiler von n durchläuft, durch Multiplikation und Division ein Polynom $g_n(x)$, in dem genau diejenigen Linearfaktoren von $x^n - e$ einfach vorkommen, die für keinen echten Teiler d von n in $x^d - e$ vorkommen. Man erhält dabei zugleich auch eine explizite Konstruktion des Polynoms $g_n(x)$ aus Satz 121. Man schreibe diese Formel für $g_n(x)$ mittels der folgenden Zahlentheoretischen Funktion: $\mu(n) = 0$, falls n ein Primzahlquadrat enthält, $\mu(n) = (-1)^r$, falls n aus r verschiedenen Primzahlen zusammengesetzt ist, speziell $\mu(1) = 1$ für $r = 0$ (Möbiussche Funktion).

Sind $p, p', p'', \ldots$ die verschiedenen Primfaktoren von n, so genügt es, für t die Teiler der Typen n; $n_1 = \frac{n}{p}, \frac{n}{p'}, \frac{n}{p''}, \ldots$; $n_2 = \frac{n}{pp'}, \frac{n}{pp''}, \frac{n}{p'p''}, \ldots$; ... zugrunde zu legen. Sei $P_0 = x^n - e$ und $P_i = \prod_{n_i} (x^{n_i} - e)$, so hat $\frac{P_0}{P_1}$ gerade die gesuchten Linearfaktoren im Zähler, aber i. a. auch welche im Nenner; in $\frac{P_0 P_2}{P_1}$ fehlen die letzteren, dagegen sind i. a. wieder nicht gewünschte Linearfaktoren in den Zähler gekommen, usw. Der Grad des schließlich entstehenden Polynoms $g_n(x)$ berechnet sich nach der expliziten Formel für $\varphi(n)$ (siehe § 2, Aufg. 14).

3. Man beweise allgemein (ohne die Charakteristikeinschränkung): Ist $n \mid m$, so ist $\mathsf{T}_n \leqq \mathsf{T}_m$. Ist $n = n_1 n_2$ mit $(n_1, n_2) = 1$, so ist $\mathsf{T}_n = \{\mathsf{T}_{n_1}, \mathsf{T}_{n_2}\}$.

Für das letztere wende man § 3, Aufg. 10 auf die Gruppe der n-ten Einheitswurzeln an.

4. Man beweise (zunächst wieder mit der Charakteristikeinschränkung): Ist $n = n_1 \cdots n_r$ eine Zerlegung in paarweise teilerfremde Faktoren, so ist T_n das direkte Kompositum (§ 17, Aufg. 11) der $\mathsf{T}_{n_1}, \ldots, \mathsf{T}_{n_r}$.

Man wende Satz 121, § 17, Aufg. 10, sowie § 2, Aufg. 12 an.

5. Wie sind die Resultate in Satz 120, 121 und in Aufg. 2, 4 zu modifizieren, wenn die Einschränkung für die Charakteristik von K fallen gelassen wird?

Hat K die Charakteristik p und ist $n = p^\nu n_0$ mit $(n_0, p) = 1$, so wird $T_{p^\nu} = K$ (Satz 122, Zusatz) also $T_n = T_{n_0}$ nach Aufg. 3.

6. Der Eisenstein-Schönemannsche Satz lautet: Ist $f(x) \equiv x^n + a_1 x^{n-1} + \cdots + a_{n-1}x + a_n$ ein Polynom aus $\Gamma[x]$, das für eine Primzahl p die Eigenschaften $p \mid a_1, \ldots, p \mid a_n$ und $p^2 \nmid a_n$ hat, so ist $f(x)$ in P irreduzibel. — Man gebe einen Beweis, indem man eine angenommene echte Zerlegung $f = gh$ im Restklassenring $\Gamma[x]_p$ von $\Gamma[x]$ nach dem Primelement p betrachtet, was nach dem Gaußschen Satz (§ 2, Aufg. 24) zulässig ist.

$\Gamma[x]_p$ ist zu $\Gamma_p[x] = P_p[x]$ isomorph (Erl. zu § 2, Aufg. 23). Es ist $f \equiv x^n$ mod. p, und x^n besitzt in $P_p[x]$ nur die trivialen Zerlegungen $x^n = x^\mu x^\nu$ $(\mu + \nu = n)$. Man hätte also $g \equiv x^\mu$, $h \equiv x^\nu$ mod. p, und daraus folgt ein Widerspruch mit $a_n \not\equiv 0$ mod. p^2 durch Einsetzung von $x = 0$.

7. Man folgere daraus die Irreduzibilität von

$$g_p(x) \equiv \frac{x^p - 1}{x - 1} \equiv x^{p-1} + x^{p-2} + \quad + x + 1 \text{ in P.}$$

Der Eisenstein-Schönemannsche Satz ist auf $g_p(x+1)$ anwendbar (siehe Bew. zu Satz 44 [37]).

8. Um zu einem Beweis der Irreduzibilität von $g_n(x)$ in P auch für zusammengesetzte n zu kommen, betrachte man das zu einer primitiven n-ten Einheitswurzel ζ gehörige irreduzible Polynom $f(x)$ in P und beweise dafür der Reihe nach:

a) Die Koeffizienten der Darstellung von $f(\zeta^k)$ durch die Basis $1, \zeta, \ldots, \zeta^{r-1}$ (r der Grad von f) von T_n sind ganze rationale Zahlen. Sie hängen nur von der Restklasse von k mod. n ab.

b) Für Primzahlen $k = p$ sind diese Koeffizienten sämtlich durch p teilbar. Für hinreichend große Primzahlen p sind sie sogar sämtlich gleich 0.

c) Es ist $f(\zeta^m) = 0$ für jedes zu n prime m.

d) Es ist $g_n(x) = f(x)$, also $g_n(x)$ irreduzibel in P. (Von Landau, Math. Zeitschr. 29 [1929], auf 8 Zeilen entwickelter Beweis!)

Zu a) wende man § 9, Aufg. 8 an und beachte auch wieder den Gaußschen Satz (§ 2, Aufg. 24). Zu b) beachte man die in $\Gamma[x]$ gültige Kongruenz $f(x^p) - f(x)^p \equiv 0 \bmod. p$ (Satz 44 [37]) und ferner, daß ein Multiplum a von p mit $|a| < p$ notwendig gleich 0 ist. Zu c) beweise man die Existenz eines $m' \equiv m \bmod. n$, das durch endlich viele gegebene Primzahlen $p_1, \ldots, p_s$ nicht teilbar ist (etwa auf Grund von § 2, Aufg. 12). Zu d) wende man Satz 53 [43] an.

9. Nach Satz 121, 122 und Aufg. 7 ist der Kreisteilungskörper T_p über P zyklisch vom Grade $p-1$ und seine Galoisgruppe $\mathfrak{G}_p$ isomorph zur Gruppe $\mathfrak{P}_p$ der primen Restklassen mod. p. Es sei $\mathfrak{H}$ irgendeine Untergruppe von $\mathfrak{G}_p$, vom Index j, und $\mathfrak{Q}$ die zugeordnete Untergruppe von $\mathfrak{P}_p$. Man beweise, daß dann $\eta = \sum\limits_q \zeta^q$, wo q ein volles Repräsentantensystem der Restklassen aus $\mathfrak{Q}$ durchläuft, ein zu $\mathfrak{H}$ gehöriges Element aus T_p ist, d. h. den zu $\mathfrak{H}$ gehörigen Teilkörper H von T_p erzeugt, also $\mathsf{H} = \mathsf{P}(\eta)$. — $\mathfrak{Q}$ ist durch j völlig bestimmt (Satz 36 [33]). Wie stellen sich die q durch eine primitive Wurzel r mod. p und j dar, und wie demgemäß η und seine konjugierten (die m-gliedrigen Kreisteilungsperioden, wo $mj = p-1$)?

Nach Satz 111, 112 [109, 110] genügt es, die Verschiedenheit der j konjugierten zu η zu beweisen, die den j Restklassen von $\mathfrak{G}_p$ nach $\mathfrak{H}$ entsprechen. Bei Verwendung von Restklassenrepräsentanten aus dem reduzierten Restsystem mod. p in den ζ-Exponenten führt eine Gleichheit zweier dieser konjugierten leicht zu einem Widerspruch mit der Irreduzibilität von $g_p(x)$ in P, nämlich zu der Tatsache, daß $g_p(x)$ das Polynom niedrigsten Grades in P ist, das ζ zur Wurzel hat.

10. Wie stellt sich derjenige Automorphismus des Kreisteilungskörpers T_p (p Primzahl) über P dar, der durch den nicht-identischen Automorphismus $\alpha \to \overline{\alpha}$ des T_p umfassenden Körpers aller komplexen Zahlen, also durch den Übergang zum konjugiert-komplexen, bewirkt wird? Wie verhalten

sich die zweigliedrigen Kreisteilungsperioden bei diesem Automorphismus?

$\bar{\zeta}$ bestimmt sich daraus, daß $\zeta\bar{\zeta}$ einerseits positiv reell, andrerseits p-te Einheitswurzel ist. Für die zweite Frage beachte man die Erl. zu § 14, Aufg. 8.

11. Man berechne die Diskriminante desjenigen irreduziblen quadratischen Polynoms in P, dessen Wurzeln die $\frac{p-1}{2}$-gliedrigen Kreisteilungsperioden η, η' zu p sind, also das Quadrat von $\tau = \eta - \eta' = \sum_{\mu \bmod. p-1} (-1)^\mu \zeta^{r^\mu}$ (quadratische **Gaußsche Summe** zu p), indem man zunächst das Produkt $\tau\bar{\tau}$ berechnet. Wie stellen sich demnach η, η' durch Quadratwurzeln dar?

$\tau\bar{\tau}$ ist eine Doppelsumme. Man mache darin für die Summationsbuchstaben μ, ν die Substitution $\mu' \equiv \mu - \nu$, $\nu' \equiv \nu \bmod. p-1$ und führe dann zuerst die Summation über ν' aus. Für die zweite Frage berechne man auch noch leicht $\eta + \eta'$.

12. Man stelle die 5-ten Einheitswurzeln über P durch Quadratwurzeln dar.

Aus den in Aufg. 11 gefundenen Darstellungen der zweigliedrigen Perioden $\eta = \zeta + \zeta^4$, $\eta' = \zeta^2 + \zeta^3$ findet man für $p = 5$ die Darstellungen der eingliedrigen Perioden, also der Einheitswurzeln selbst, sofort vermöge der weiteren Relationen $\zeta\zeta^4 = 1$, $\zeta^2\zeta^3 = 1$.

13. Man stelle die 17-ten Einheitswurzeln über P durch Quadratwurzeln dar und entwickle daraus eine Konstruktion des regulären Siebzehnecks mit Zirkel und Lineal.

Man kommt ganz entsprechend wie eben zum Ziel, indem man der Reihe nach Summe und Produkt von je zwei zusammengehörigen 8-gliedrigen, 4-gliedrigen, 2-gliedrigen, 1-gliedrigen Perioden berechnet. Für die geometrische Konstruktion lege man den Satz des Pythagoras zugrunde und beachte außerdem die in der Erl. zu § 17, Aufg. 9 angegebene Reduktion einer Quadratwurzel aus einer komplexen Zahl auf Quadratwurzeln aus reellen Zahlen.

14. Man beweise als Korollar zum Resultat von Gauß: Damit $2^\nu + 1$ für $\nu \geqq 1$ Primzahl ist, ist notwendig, daß ν Potenz von 2 ist.

Man beachte, daß das Polynom $x^u + 1$ in $\Gamma[x]$ den Teiler $x + 1$ hat, wenn u ungerade ist. Das liefert durch Einsetzung von $x = 2^{\varrho}$ leicht die Behauptung.

15. Man beweise: Diese notwendige Bedingung ist jedoch nicht hinreichend. Während $2^{2^\mu} + 1$ für $\mu = 0, 1, 2, 3, 4$ tatsächlich Primzahl ist, ist $2^{2^5} + 1$ durch 641 teilbar.

Man kann natürlich die Potenzierung und nachfolgende Division durchführen. Es gibt jedoch einen wesentlich eleganteren Weg: Man gehe von den Tatsachen aus, daß $641 = 5^4 + 2^4$ und $641 = 2^7 \cdot 5 + 1$ ist. Diese Gleichungen schreibe man als Kongruenzen mod 641, potenziere die zweite mit 4 und setze darin 5^4 aus der ersten ein.

16. Man gebe einen neuen Beweis für die Determinantenformel einer n-reihigen Zyklante (§ 10, Aufg. 19) für den Fall, daß die Charakteristik von K nicht eine in n aufgehende Primzahl ist, indem man den in § 4, Aufg. 16 verwendeten Gedanken ausnutzt.

Man stelle zunächst für Unbestimmte die Teilbarkeit der Determinante durch das betr. Linearformenprodukt fest. Gradbetrachtung lehrt dann, daß der Quotient eine Einheit (Element aus K) ist, die sich leicht durch Koeffizientenvergleich bestimmt.

17. Man beweise, daß es irreduzible Polynome jedes gegebenen Grades m über P_p gibt.

Man wende (IV) und (VIII) an.

18. Man beweise: Das Polynom $x^{p^m} - x$ über P_p ist das Produkt aller verschiedenen irreduziblen Polynome über P_p, deren Grad ein Teiler vom m ist. Man berechne daraus die Anzahl der irreduziblen Polynome über P_p vom Grade m.

Der Stammkörper zu einem irreduziblen Polynom $f(x)$ über P_p vom Grade μ ist ein endlicher Körper von p^μ Elementen. Daraus ergibt sich die Behauptung leicht nach (III)—(VI). Für die Anzahlbestimmung wende man ein entsprechendes Verfahren wie in Aufg. 2 an und schreibe die Anzahlformel mittels der Möbiusschen Funktion $\mu(n)$.

19. Man beweise: Ist K ein endlicher Schiefkörper (1, § 15, Aufg. 2) von q Elementen und K_0 ein Teilschiefkörper von K von q_0 Elementen, so ist q eine Potenz von q_0.

Man führe in K analog zu Def. 24 [56] die Begriffe linear abhängig, linear unabhängig bezgl. Linksmultiplikation mit Elementen aus K_0 ein und beweise die Existenz einer analog zu Def. 25 [57] definierten Linksbasis von K bzgl. K_0.

20. Die durch ein Element a ($\neq 0$) eines Schiefkörpers K bestimmte Klasse $\mathfrak{C}_a$ konjugierter Elemente, sowie der Normalisator N_a von a (**1**, § 9, Aufg. 13) und das Zentrum Z von K (**1**, § 7, Aufg. 8) seien im Sinne der Multiplikationsgruppe der Elemente $\neq 0$ aus K verstanden. — Man beweise, daß die Elemente von N_a bei Hinzunahme von 0 einen Teilschiefkörper von K bilden, und daß die Elemente von Z bei Hinzunahme von 0 einen Teilkörper von K und von N_a (mit 0) bilden.

21. Sei jetzt K ein endlicher Schiefkörper und z die Elementzahl von Z (mit 0), so daß also die Elementzahl von K eine Potenz z^n und die Elementzahl von N_a (mit 0) eine Potenz z^{n_a} mit $n_a \mid n$ ist (Aufg. 19). Wie groß ist dann die Elementzahl von $\mathfrak{C}_a$?

Man wende **1**, § 9, Aufg. 13 an.

22. Man lasse nunmehr a ein volles Repräsentantensystem für die Klassen konjugierter Elemente des endlichen Schiefkörpers K durchlaufen und drücke die Elementzahl von K (ohne 0) als Summe der Elementzahlen der einzelnen Klassen $\mathfrak{C}_a$ aus. Die Beiträge der einelementigen Klassen fasse man dabei in einen einzigen Summanden zusammen.

Einelementig sind genau die durch die Elemente von Z (ohne 0) gelieferten Klassen.

23. Man beweise schließlich, daß die ganze rationale Zahl $g_n(z)$ (Satz 121) Teiler der linken Seite sowie aller von mehrelementigen Klassen stammenden Beiträge auf der rechten Seite der erhaltenen Formel ist, und schließe daraus, daß notwendig $n = 1$, also $K = Z$ ist, daß also gilt: Jeder endliche Schiefkörper ist ein Körper (Wedderburnscher Satz, bewiesen nach Witt).

Man zeige zuerst, daß die Teilbarkeit gilt, wenn die Zahl z durch eine Unbestimmte x ersetzt wird. Dann wende man § 2, Aufg. 24 an.

Schließlich stelle man durch Betrachtung der absoluten Beträge der Linearfaktoren von $g_n(x)$ für $x = z$ fest, daß $g_n(z) \mid z - 1$ nur für $n = 1$ gilt (wobei $z > 1$ zu beachten ist).

§ 21. Reine und zyklische Erweiterungen von Primzahlgrad.

1. Man berechne die Diskriminante (§ 6, Aufg. 18) von $x^n - a$.

2. Man berechne die Resultante (§ 10, Aufg. 23) von $x^{n_1} - a_1$ und $x^{n_2} - a_2$.

3. Man beweise die Aussagen unter b.) in Satz 123 durch ein analoges Verfahren wie in § 13, Aufg. 4, 5.

An Stelle des dortigen Übergangs von $g(x)$ zu $g(x - ne)$ hat man hier von $g(x)$ zu $g(\zeta^{-n} x)$ $(n = 1, \ldots, p-1)$ überzugehen.

4. Man beweise: Ist das Polynom $f(x)$ aus $\Gamma[x]$ beim Übergang zum Restklassenring $\Gamma[x]_p$ irreduzibel in P_p, so ist es auch in P irreduzibel. — Kann der Beweis von Satz 123, b.) im Falle $\mathsf{K} = \mathsf{P}$ für a aus Γ auf diese Weise geführt werden?

Man beachte § 2, Aufg. 24, sowie § 4, Aufg. 8.

5. Es sei K ein Körper mit von p verschiedener Charakteristik und das Element a aus K keine p-te Potenz in K. Man beweise, daß die Galoisgruppe $\mathfrak{G}$ von $x^p - a$ linear ist (§ 16, Aufg. 8). Wie ist das d aus § 16, Aufg. 11 bestimmt? Man verifiziere auch § 17, Aufg. 14 hier direkt.

Nach Satz 123, 124 und Satz 121, 122 [131, 132] enthält $\mathfrak{G}$ einen zyklischen Normalteiler $\mathfrak{Z}$ von der Ordnung p mit zyklischer Faktorgruppe einer Ordnung $d \mid p - 1$. Eine Erzeugende A von $\mathfrak{Z}$ wird durch $(\alpha \to \zeta\alpha)$ geliefert, wo α eine Wurzel von $x^p - a$ und ζ eine primitive p-te Einheitswurzel ist. $\mathfrak{G}$ ist dann in der Form $\sum_{\nu=0}^{d-1} B^\nu \mathfrak{Z}$ nach $\mathfrak{Z}$ zerlegbar, und B kann so normiert werden, daß dabei $\alpha \to \alpha$ und gemäß Satz 109, (V) [102] $\zeta \to \zeta^{r^n}$ gilt, wo r eine primitive Wurzel mod. p und $dn = p - 1$ ist. Man bestimme dann $B^{-1}AB$ und B^d.

6. Man verallgemeinere die Aussagen in Satz 123 auf ein reines Polynom $x^n - a$ von zusammengesetztem Grade n unter

den Annahmen, daß K die n-ten Einheitswurzeln über K enthält und die Charakteristik von K nicht eine in n aufgehende Primzahl ist. Wie lautet die Zerlegung von $x^n - a$ in irreduzible Faktoren aus K? Wie stellt sich die Galoisgruppe des Wurzelkörpers W von $x^n - a$ über K dar und wie die Teilkörper von W über K?

Es kommt auf den kleinsten Exponenten n_0 an, für den a^{n_0} eine n-te Potenz in K ist, und auf dessen Komplementärteiler d in n. Als primitives Element des (eindeutig bestimmten) Teilkörpers vom Grade j kann die Potenz α^m ($n_0 = mj$) einer Wurzel von $x^n - a$ genommen werden.

7. Unter den gleichen Annahmen über K seien zwei beliebige (nicht notwendig irreduzible) reine Polynome $x^n - a_1$ und $x^n - a_2$ vom Grade n in K gegeben. Man bestimme die Galoissgruppe $\mathfrak{G}$ des Kompositums ihrer Wurzelkörper W_1 und W_2 und gebe eine Kennzeichnung des Grades d des Durchschnitts $[W_1, W_2]$? Welche Beziehung zwischen a_1 und a_2 ist insbesondere daher notwendig und hinreichend für $W_1 \leqq W_2$ und welche demnach für $W_1 = W_2$? (Für $n = 2$ vgl. schon § 7, Aufg. 9—11.)

Man wende die in § 18, Aufg. 4 entwickelte Theorie an. Sind α_1, α_2 je eine Wurzel, so stellt sich $\mathfrak{G}$ durch Substitutionspaare $(\alpha_1 \to \zeta^{\nu_1}\alpha_1, \alpha_2 \to \zeta^{\nu_2}\alpha_2)$ dar, wobei die Exponenten ν_1, ν_2 erstens durch die Analoga d_1, d_2 zu dem d aus Aufg. 6 teilbar und zweitens noch untereinander durch eine Kongruenzbedingung verkettet sind, die sich aus dem in § 18, Aufg. 4 betrachteten Gruppenisomorphismus ergibt. Man beachte dazu die sich aus Satz 37 [34] ergebende Übersicht über alle Isomorphismen zwischen zwei zyklischen Gruppen gleicher Ordnung. Die Koeffizienten in der Kongruenzbedingung zwischen ν_1, ν_2 sind zunächst nicht näher bestimmt. Um sie durch die gegebenen a_1, a_2 zu kennzeichnen und damit dann auch die anderen Fragen so zu beantworten, daß nur die gegebenen a_1, a_2 eingehen, empfiehlt es sich, in der Faktorgruppe $\mathfrak{K} = K^*/K^{*n}$ zu rechnen, wo K^* die Multiplikationsgruppe von K (**1**, § 6, Beisp. 1 [53]) bedeutet. Die Elemente von $\mathfrak{K}$ sind nach **1**, Satz 34, 35 [65, 66] die Restklassen nach einer Kongruenzrelation $\underset{n}{\equiv}$ in K. Haben n_1, n_2 für W_1, W_2 die Bedeutung des n_0 für W aus Aufg. 6, so gilt

$a_1^{n_1} \underset{n}{=} 1$, $a_2^{n_2} \underset{n}{=} 1$, und a_1, a_2 erzeugen in $\mathfrak{R}$ zyklische Untergruppen $\mathfrak{A}_1, \mathfrak{A}_2$ der Ordnungen n_1, n_2, die zu den Galoisgruppen $\mathfrak{G}_1, \mathfrak{G}_2$ von W_1, W_2 isomorph sind. Man betrachte nun alle Relationen der Form $a_1^{\mu_1} a_2^{\mu_2} \underset{n}{=} 1$ zwischen den Erzeugenden a_1, a_2 und zeige, daß sie sämtlich formale Folgen der beiden genannten und einer einzigen weiteren sind, in welch' letztere der Grad d und die zuvor genannten Koeffizienten von ν_1, ν_2 eingehen; dazu studiere man das Verhalten der Potenzprodukte $\alpha_1^{\mu_1} \alpha_2^{\mu_2}$ bei $\mathfrak{G}$. Durch die so erhaltene Aussage wird $\mathfrak{G}$ explizit beschrieben und d gekennzeichnet. Man stellt überdies noch leicht fest, daß die Galoisgruppen $\mathfrak{G}$ und $\mathfrak{G}_0$ des Kompositums und Durchschnitts von W_1, W_2 zum Kompositum bzw. Durchschnitt der Untergruppen $\mathfrak{A}_1, \mathfrak{A}_2$ von $\mathfrak{R}$ isomorph sind.

8. Man leite die in Aufg. 7 für $W_1 \leqq W_2$ gefundene Bedingung auch auf andere Weise her, indem man α_1 durch die Basis $e, \alpha_2, \ldots, \alpha_2^{n_2-1}$ von W_2 darstellt und darauf die Automorphismen von W_2 anwendet.

Man beachte, daß α_1 dabei unter der Voraussetzung $W_1 \leqq W_2$ in ein konjugiertes übergeht, dessen Basisdarstellung man auch direkt angeben kann, und benutze die Eindeutigkeit der Basisdarstellung.

9. Durch § 13, Aufg. 4 (vgl. auch § 15, Aufg. 4) wird das Analogon zu Satz 124 für Körper der Charakteristik p gegeben. Man beweise nunmehr in Umkehrung dazu auch das Analogon zu Satz 125 für Körper der Charakteristik p, also den Satz: Über einem solchen Körper K ist jede separable normale Erweiterung vom Grade p Wurzelkörper eines Polynoms der Form $x^p - x - a$.

Der Beweis kann weitgehend analog zum Beweis von Satz 125 geführt werden. Anstelle der Summanden $\zeta^{-\mu\nu}\,\vartheta_{A^\mu}$ nehme man hier die Ausdrücke $\frac{-\mu\vartheta^\nu_{A^\mu}}{s_\nu}$ als Summanden, wo $s_\nu = \sum\limits_{\mu=0}^{p-1} \vartheta^\nu_{A^\mu}$ ist. Entsprechend dem zweiten Teil des Beweises hat man zu zeigen, daß ν so wählbar ist, daß das (zu K gehörige) Element $s_\nu \neq 0$ wird (Rückschluß auf die Determinante $\vartheta|^\nu_{A^\mu}|$, Separabilität!). Für den ersten Teil des Beweises beachte man

$$x^p - x \equiv x(x-e)\cdots(x-(p-1)e)$$

(§ 5, Aufg. 1) und die daraus bei Ersetzung von x durch $x - \alpha$ entstehende Formel.

10. Unter denselben Annahmen über K wie in Aufg. 6, 7 beweise man in Verallgemeinerung von Satz 125: Über einem solchen K ist jede zyklische Erweiterung n-ten Grades rein.

Die Erweiterung ist von selbst separabel wegen der Charakteristikeinschränkung (Def. 17 [47] und Satz 79 [68]). Der erste Teil des Beweises von Satz 125 macht von der Primzahleigenschaft von p nur insofern Gebrauch, als aus der Normalität auf die Zyklizität geschlossen wird. Den zweiten Teil modifiziere man (in Analogie zu Aufg. 9) dadurch, daß man die primitive n-te Einheitswurzel ζ festhält, aber ϑ durch die Potenzen $\vartheta, \vartheta^2, \ldots, \vartheta^{n-1}$ ersetzt.

11. Man beweise, daß man für die Bildung der Lagrangeschen Resolventen (im Sinne von Aufg. 10) von η, wo η eine m-gliedrige Kreisteilungsperiode zu p ist (§ 20, Aufg. 9), bereits mit der ersten Potenz von η auskommt, daß also die Gaußschen Summen n-ten Grades zu p:

$$\tau(\varepsilon) = \sum_{\nu=0}^{n-1} \varepsilon^{-\nu} \eta^{(\nu)}, \quad \text{wo} \quad \eta^{(\nu)} = \sum_{\mu \bmod m} \zeta^{r^{\nu+\mu n}}$$

(ζ primitive p-te, ε primitive n-te Einheitswurzel über P; r primitive Wurzel mod. $p - 1 = mn$)

von Null verschieden sind. Man berechne ferner in Verallgemeinerung zu § 20, Aufg. 11 $\tau(\varepsilon) \cdot \overline{\tau(\varepsilon)}$ und führe auch $\tau(\bar{\varepsilon})$ auf $\overline{\tau(\varepsilon)}$ zurück, analog zu § 20, Aufg. 10.

Aus $\tau(\varepsilon) = 0$ gewinnt man, ähnlich wie in § 20, Aufg. 9 einen Widerspruch zur Irreduzibilität von $g_p(x)$, jetzt in T_n (§ 20, Aufg. 4). Im übrigen gehe man ganz analog wie für den Spezialfall $n = 2$ vor.

12. Welche Bedingung ist notwendig und hinreichend dafür, daß $\tau(\varepsilon)^n$ eine rationale Zahl ist?

Durch Anwendung der Automorphismen von T_n auf $\tau(\varepsilon)^n$ erhält man dann Relationen der Form $\tau(\varepsilon^s) = \varepsilon^{a_s}\tau(\varepsilon)$ für jedes zu n prime s, und daraus (analog zu Aufg. 11) leicht $s \equiv 1$ mod. n, was, vom trivialen Fall $n = 1$ abgesehen, nur noch für $n = 2$ zutrifft.

13. Man berechne das kubische Polynom in P, dessen Wurzeln die zweigliedrigen Kreisteilungsperioden η, η', η'' zur Primzahl 7 sind, sowie die dritten Potenzen der beiden

zugehörigen kubischen Gaußschen Summen τ, $\bar{\tau}$ in ihrer rationalen Darstellung durch $\sqrt{-3}$.

Man findet die Relationen $\eta + \eta' + \eta'' = -1$ und $\eta\eta' = \eta + \eta''$, mit deren Hilfe sich das gesuchte kubische Polynom leicht auf Grund der Vietaschen Formeln (§ 5, Aufg. 13) berechnet. Zur Berechnung von $\tau^3, \bar{\tau}^3$ beachte man die Relationen $\tau\bar{\tau} = 7$ (Aufg. 11) und $\tau + \bar{\tau} = 3\eta + 1$ und berechne unter Heranziehung der gewonnenen kubischen Gleichung für η daraus $\tau^3 + \bar{\tau}^3$.

14. Man stelle die 7-ten Einheitswurzeln über P durch Wurzelzeichen dar.

Aus dem Resultat von Aufg. 13 gewinnt man rationale Darstellungen der zweigliedrigen Perioden η, η', η'' durch Kubikwurzeln aus Zahlen von $\mathsf{T}_3 = \mathsf{P}(\sqrt{-3})$, indem man ein lineares Gleichungssystem auflöst. Von da aus gelangt man zu den 7-ten Einheitswurzeln selbst vermöge der Relationspaare $\zeta + \zeta^6 = \eta, \zeta\zeta^6 = 1; \ldots$

15. Man schlage zur Darstellung der 7-ten Einheitswurzeln über P durch Wurzelzeichen auch den anderen möglichen Weg ein, der die dreigliedrigen Perioden ϑ, ϑ' als Zwischenstufe nimmt, die bereits in § 20, Aufg. 11 rational durch $\sqrt{-7}$ dargestellt wurden.

Man hat dazu den Grundkörper P auf $\mathsf{T}_3 = \mathsf{P}(\sqrt{-3})$ zu erweitern und zunächst die dritten Potenzen der zum erweiterten Kreiskörper $\{\mathsf{T}_7, \mathsf{T}_3\} = \mathsf{T}_{21}$ gehörigen Lagrangeschen Resolventen $\lambda, \hat{\lambda}; \lambda', \hat{\lambda}'$ rational durch $\sqrt{-3}$ und $\sqrt{-7}$ darzustellen. Dann gelangt man zu den 7-ten Einheitswurzeln selbst wieder durch Auflösung eines linearen Gleichungssystems.

16. In Aufg. 13 ist die Bedeutung des kubischen Polynoms $f(x)$ aus § 15, Aufg. 5, b) hervorgetreten. Man mache sich nunmehr die dort angegebene Eigenschaft vermöge der Darstellung $\eta = \zeta + \zeta^6 = \zeta + \zeta^{-1}$ einer Wurzel von $f(x)$ klar.

17. Gewitzigt durch diese Erkenntnis charakterisiere man den Wurzelkörper des kubischen Polynoms aus § 15, Aufg. 5, a).

Man gehe zu $g(y) \equiv y^3 f(y + y^{-1})$ über.

18. Man beweise allgemein: Für Primzahlen $p \neq 2$ ist T_{p^ν} zyklisch über P und auch direktes Kompositum aus T_p und einem zyklischen Körper vom Grade $p^{\nu-1}$ über P.

Man beachte, daß die prime Restklassengruppe $\mathfrak{P}_{p^\nu}$ das Element $1+p$ der Ordnung $p^{\nu-1}$ und sicher ein Element r von mindestens der Ordnung $p-1$ enthält, und wende § 3, Aufg. 10 an. Wie kann demnach eine primitive Wurzel r mod. p für das Studium von $\mathfrak{P}_{p^\nu}$ stets normiert werden?

19. Man beweise analog: $\mathfrak{P}_{2^\nu}$ $(\nu > 2)$ hat im Sinne von § 3, Aufg. 16 die Primzahlpotenzinvarianten $2, 2^{\nu-2}$. (Inwiefern kann man die Fälle $\nu = 1, 2$ als trivial beiseite lassen?). Welche Struktur hat also T_{2^ν} über P? Welche Teilkörper gehören zu den beiden durch ± 5 erzeugten zyklischen Untergruppen der Ordnung $2^{\nu-2}$?

Die Elemente 5 und -5 sind mod 2^ν von der Ordnung $2^{\nu-2}$ und unabhängig von -1. Als erzeugendes Element des Teilkörpers von T_{2^ν}, der bei dem der Restklasse von 5 entsprechenden Automorphismus invariant ist, erweist sich eine in T_{2^ν} vorhandene primitive vierte Einheitswurzel. Der dadurch bestimmte Teilkörper $\mathsf{T}_4 = \mathsf{P}(\sqrt{-1})$ von T_{2^ν} hat den Grad 2 über P. Ein erzeugendes Element des Teilkörpers von T_{2^ν}, der bei dem der Restklasse von -5 entsprechenden Automorphismus invariant ist, findet man in Gestalt einer Summe von zwei geeigneten primitiven achten Einheitswurzeln aus T_{2^ν}. Der zugehörige Körper hat ebenfalls den Grad 2 über P und erweist sich als $\mathsf{P}(\sqrt{-2})$.

20. Wie stellen sich die p^ν-ten Einheitswurzeln über P durch Wurzelzeichen dar, wenn die Darstellung der p-ten Einheitswurzeln als bekannt angenommen wird, und wie demnach die n-ten Einheitswurzeln für beliebiges n? Für welche n allein ist demnach das reguläre n-Eck mit Zirkel und Lineal konstruierbar?

Die Polynome $x^{p^{\nu-1}} - \zeta$ (ζ primitive p-te Einheitswurzel, $p \neq 2$) und $x^{2^{\nu-2}} - i$ sind irreduzibel in T_p bzw. T_4, und das erstere bleibt es auch bei Erweiterung von T_p durch diejenigen Einheitswurzeln, die zur Auflösung von T_p gemäß Satz 126 erforderlich sind, wie man leicht auf Grund der Gradbestimmung in Satz 121 [131] und nach § 20, Aufg. 8 bestätigt. Für zusammengesetztes n siehe die Erl. zu § 20, Aufg. 4. Für die Konstruierbarkeit schließe man nach der trivialen Reduktion auf Primzahlpotenzen p^ν analog wie im Spezialfall $\nu = 1$ (Resultat von Gauß [134]).

21. Man stelle die 257-ten und die 65537-ten Einheitswurzeln durch reduzible Wurzelzeichen (Wurzeln reduzibler reiner Polynome) dar.

$x^{257} - 1$ und $x^{65537} - 1$ sind reduzible reine Polynome. — Man mache sich hiernach die Unnützlichkeit der Zulassung reduzibler Wurzelzeichen für die Erforschung der algebraischen Struktur der Kreisteilungskörper klar (vgl. die Anm. 1 vor Def. 39 [128]).

22. Man gebe ein primitives Element des im Kreisteilungskörper T_{p^2} $(p \neq 2)$ über P enthaltenen zyklischen Körpers H vom Grade p über P an.

Ist ζ eine primitive p^2-te Einheitswurzel über P, so stelle man die $p-1$ konjugierten zu ζ bzgl. H mit Hilfe einer gemäß der Erl. zu Aufg. 18 normierten primitiven Wurzel r mod. p auf. Analog zu Aufg. 11 genügt es wieder, zu zeigen, daß für deren Summe η die p bzgl. P konjugierten $\eta, \eta', \ldots, \eta^{(p-1)}$ untereinander verschieden sind. Statt dessen kann man aber auch benutzen, daß diese konjugierten, die ja wegen der Normalität sämtlich zu H gehören und nach Satz 111 [109] entweder alle verschieden und dann primitive Elemente von H oder alle gleich und dann schon in P gelegen sind, mit dem p-gliedrigen System aus 0 und den $p-1$ zu ζ bzgl. H konjugierten ζ^{r^ν} $(\nu = 0, \ldots, p-2)$ durch ein lineares Gleichungssystem über T_p mit regulärer Matrix zusammenhängen; dieses ergibt sich, indem man in den Darstellungen

$$\eta^{(\mu)} = \sum_{\nu=0}^{p-2} \zeta^{r^\nu (1+p)^\mu} \qquad (\mu = 0, \ldots, p-1)$$

benutzt, daß $(1+p)^\mu \equiv 1 + \mu p$ mod. p^2 ist, und dementsprechend die primitive p-te Einheitswurzel $\zeta^p = \zeta_0$ aus T_p einführt. Auf Grund dieses Gleichungssystems ist jedenfalls $\eta, \eta', \ldots, \eta^{(p-1)}$ ein primitives Elementsystem für T_{p^2} bzgl. T_p, und es können somit $\eta, \eta', \ldots, \eta^{(p-1)}$ nicht in P liegen.

23. Unter denselben Annahmen über K wie in Aufg. 6, 7, 10 sei N eine zyklische Erweiterung vom Grade n über K. Ferner sei K_0 ein Teilkörper von K derart, daß K separabel zyklisch über K_0 ist. Gemäß Aufg. 10 sei N Wurzelkörper für das reine irreduzible Polynom $x^n - a$ aus K. Welche Bedingung für a ist notwendig und hinreichend dafür, daß a) N normal, b) N abelsch, c) N zyklisch über K_0 ist?

Wie lauten diese Bedingungen speziell, wenn

α) die n-ten Einheitswurzeln aus K schon zu K_0 gehören,

β) $n = p$ Primzahl und $K_0 = P$, $K = T_n$ ist?

Zu a). Sei α eine Wurzel von $x^n - a$ in N und S_0 eine Erzeugende der Galoisgruppe $\mathfrak{G}_0$ von K bzgl. K_0. Dann ist der Wurzelkörper zu $x^n - a_{S_0}$ über K konjugiert bzgl. K_0 zu N. Man wende Def. 29 [84] und Aufg. 7 an. Resultat: $a_{S_0} = a^k c^n$ mit $(k, n) = 1$ und c aus K.

Zu b). Ist N normal über K_0 mit der Galoisgruppe $\mathfrak{G}$, so entspricht S_0 eine Restklasse $\mathfrak{H} S$ von $\mathfrak{G}$ nach dem Normalteiler $\mathfrak{H}$. Hierbei kann S eindeutig so normiert werden, daß α_S eine vorgegebene Wurzel von $x^n - a_{S_0}$ ist. Man drücke also die Wurzeln von $x^n - a_{S_0}$ gemäß a) durch α aus, normiere S passend, und bringe dann die für b) notwendige Relation $S^{-1} A S = A$ zum Ausdruck, wo A eine Erzeugende der Galoisgruppe $\mathfrak{H}$ von N bzgl. K ist. Man beachte dabei, daß für eine primitive und somit jede n-te Einheitswurzel ζ gilt $\zeta_{S_0} = \zeta^s$ mit einem bestimmten s der Eigenschaft $s^m \equiv 1 \mod n$, wo $m = [K : K_0]$. Resultat: $k \equiv s \mod n$.

Zu c). Man bringe zum Ausdruck, daß über b) hinaus $S^m = A$ (bei passender Normierung der Erzeugenden A von $\mathfrak{H}$) sein muß. Resultat:

$$a^{\frac{s^m - 1}{n}} c^{s^{m-1}} c_{S_0}^{s^{m-2}} \cdots c_{S_0^{m-1}} = \zeta .$$

24. Sei K_0 ein Körper mit von 2 verschiedener Charakteristik und K eine Erweiterung vom Grade 2 über K_0, Wurzel-

körper zum Polynom $x^2 - d_0$ aus K_0. Welche Bedingung für d_0 ist notwendig und hinreichend dafür, daß eine Erweiterung N vom Grade 2 über K existiert, die zyklisch über K_0 ist?

Aus Aufg. 23, c) folgt zunächst als notwendige Bedingung, daß $-e$ von der Form cc' ist, wo c ein Element aus K und c' sein bzgl. K_0 konjugiertes ist, daß also $-e$ in der Form $u_0^2 - d v_0^2$ mit u_0, v_0 aus K_0 darstellbar ist. Ist das der Fall, so kann man auch wirklich ein a in K mit der hinreichenden Eigenschaft $a' = ac^2$ konstruieren, indem man das Verhalten von $e + c^2$ beim Übergang zum konjugierten beachtet. Allerdings ist der Fall $c^2 = -e$ eine Ausnahme; man kann dann aber a einfach als eine der Wurzeln von $x^2 - d_0$ nehmen.

Die erhaltene Bedingung kann nach d_0 aufgelöst werden, bis auf den genannten Ausnahmefall. In diesem findet man leicht, daß nicht nur K sondern schon K_0 die 4-ten Einheitswurzeln enthält ($c' = c$), also d_0 trivialerweise als Summe zweier Quadrate in K_0 darstellbar ist.

26. In Aufg. 23 sei $n = p$ (Primzahl) und $[\mathsf{K} : \mathsf{K}_0] = d$ ein Teiler von $p-1$. Welche Bedingung für a ist notwendig und hinreichend dafür, daß N normal über K_0 mit Galoisgruppe vom Typus $\mathfrak{L}_p^{(d)}$ ist? Wie lautet diese Bedingung speziell unter den Annahmen α) oder β)?

Man hat zunächst das Normalitätskriterium aus Aufg. 23, a). Ferner muß man an Stelle der dort in b) zugrunde gelegten Relation jetzt $S^{-1}AS = A^h$ fordern, wo h mod. p von der Ordnung d ist; das ergibt eine Einschränkung für das dortige k. Die anstelle der dort in c) hier zu fordernde Relation $S^d = E$ ist dann von selbst erfüllt, da S^d in $\mathfrak{H}$ liegt und mit S vertauschbar ist; man bestätige dies auch an Hand der diese Relation ausdrückenden Beziehung zwischen a und c.

26. Man beweise: Ist K separabel zyklisch über K_0 vom Grade m, ferner S_0 eine Erzeugende der Galoisgruppe von K über K_0 und c ein Element aus K mit $cc_{S_0} \cdots c_{S_0^{m-1}} = e$, so hat für jedes u aus K das Element

$$b = u + u_{S_0^{-1}} c_{S_0^{-1}} + u_{S_0^{-2}} c_{S_0^{-1}} c_{S_0^{-2}} + \cdots$$
$$+ u_{S_0^{-(m-1)}} c_{S_0^{-1}} c_{S_0^{-2}} \cdots c_{S_0^{-(m-2)}}$$

aus K die Eigenschaft $b_{S_0} = cb$, und u läßt sich so wählen, daß $b \neq 0$, also $c = \frac{b_{S_0}}{b}$ wird.

Für das Letztere lasse man u die Elemente einer Basis von K bzgl. K_0 durchlaufen und beachte § 13, Aufg. 14 (und die Separabilität).

27. In Aufg. 25 hat sich für den Fall $n = p$, $K_0 = P$, $K = T_p$ als hinreichende (aber nicht notwendige) Bedingung für a die Eigenschaft $a_{S_0} = ac^p$ mit c aus K und $cc_{S_0} \ldots c_{S_0^{p-2}} = 1$ ergeben. Wie vereinfacht sich diese Bedingung auf Grund von Aufg. 26?

Man beachte, daß a im Sinne der Aufgabe durch jedes Element av^p mit $v \neq 0$ aus K ersetzt werden kann.

§ 22. Kriterium für die Auflösbarkeit durch Wurzelzeichen.

1. Man beweise, daß eine separable normale Erweiterung N von Primzahlgrad p über einem Körper K der Charakteristik p nicht durch Wurzelzeichen auflösbar ist.

Wäre sie es doch, und ist $\overline{\Lambda}_{r-1}$ der letzte Körper in der Kette gemäß Def. 40 [129] mit $[N, \overline{\Lambda}_{r-1}] = K$, so wäre $\overline{\Lambda}_r = \{N, \overline{\Lambda}_{r-1}\}$ normal vom Primzahlgrad p über $\overline{\Lambda}_{r-1}$ und sowohl rein als auch separabel.

2. Nach § 13, Aufg. 4; § 15, Aufg. 4; § 21, Aufg. 9 liegt es nahe, den Begriff der Auflösbarkeit für Grundkörper der Charakteristik p folgendermaßen zu modifizieren: a) Beschränkung auf separable irreduzible reine Polynome, also irreduzible reine Polynome von zu p primem Grade; b) Zulassung auch der separablen irreduziblen Polynome $x^p - x - a$ vom Primzahlgrad p. Im folgenden sei auflösbar für Grundkörper der Charakteristik p immer in diesem Sinne verstanden. — Man beweise, daß Satz 127 in diesem Sinne auch für separable normale Erweiterungen N über einem Körper K der Charakteristik p gilt.

Man muß zunächst zeigen, daß die Kreisteilungskörper T_n über K in diesem Sinne auflösbar sind. (Es genügt an sich der Fall, daß

n eine Primzahl $q \neq p$ ist, doch geht der Beweis genau so gut gleich für beliebiges n.) Man beachte dazu, daß T_n separabel ist (Satz 121 [131]; § 20, Aufg. 5) und schließe durch vollständige Induktion nach n ganz analog wie im Bew. zu Satz 126 [141], unter Anwendung von Satz 125 [140] bzw. von § 21, Aufg. 9. Ebenso läßt sich dann der geforderte Beweis im allgemeinen Falle ganz analog zum Bew. von Satz 127 durchführen.

3. Man beweise: Jede abelsche Erweiterung ist auflösbar.

Man beachte, daß jede abelsche Gruppe metazyklisch ist [Beisp. 2, sowie § 3, Aufg. 9, c), Aufg. 14], und wende Satz 127 bzw. Aufg. 2 an.

4. Man beweise: Die Diedergruppen $\mathfrak{D}_n$ und die linearen Gruppen $\mathfrak{L}_p^{(d)}$ sind metazyklisch.

5. Man beweise: Jede Untergruppe $\mathfrak{U}$ und jede Faktorgruppe $\mathfrak{G}/\mathfrak{N}$ einer metazyklischen Gruppe $\mathfrak{G}$ ist metazyklisch. Welche Sätze über auflösbare Erweiterungen ergeben sich daraus?

Man bilde die Durchschnitte $[\mathfrak{H}_i, \mathfrak{U}]$ bzw. die Komposita $\{\mathfrak{H}_i, \mathfrak{U}\}$ mit einer Untergruppenkette $\mathfrak{H}_i$ gemäß Def. 41 und wende 1, § 9, Aufg. 14 an (mit $\mathfrak{H} = \mathfrak{H}_{i+1}$, $\mathfrak{J} = [\mathfrak{H}_i, \mathfrak{U}]$ bzw. $\mathfrak{H} = \{\mathfrak{H}_{i+1}, \mathfrak{U}\}$, $\mathfrak{J} = \mathfrak{H}_i$).

6. Man vollziehe die Auflösung für die Wurzeln $\alpha, \alpha', \alpha''$ eines irreduziblen kubischen Polynoms über einem Körper K mit von 2 und 3 verschiedener Charakteristik, das dann ohne Einschränkung in der Form x^3+ax+b angesetzt werden darf.

In § 16, Aufg. 3 ist bewiesen, daß die Galoisgruppe $\mathfrak{G}$ vom Typus $\mathfrak{Z}_3$ oder $\mathfrak{D}_3$ ist. Man zeige zunächst, daß (für K mit von 2 verschiedener Charakteristik) diese beiden Typen danach unterschieden sind, ob die Diskriminante d des Polynoms — man drücke sie durch a und b aus — Quadrat in K ist oder nicht; dazu beachte man das Verhalten des Differenzenprodukts

$$(\alpha-\alpha')(\alpha'-\alpha'')(\alpha''-\alpha)$$

bei $\mathfrak{G}$. In jedem Falle liefert die Bildung der Lagrangeschen Resolventen (Satz 125 [140]) Darstellungen der Wurzeln $\alpha, \alpha', \alpha''$ durch Wurzelzeichen. Man hat also die dritten Potenzen dieser Lagrangeschen Resolventen rational über K durch dritte Einheitswurzeln und (im Falle $\mathfrak{G} = \mathfrak{D}_3$) $\sqrt{d}$ darzustellen.

7. Man führe dieselbe Aufgabe für K von der Charakteristik 3 (im Sinne von Aufg. 2) durch, wo dann das Polynom nicht mehr ohne Glied mit x^2 angenommen werden darf (§ 5, Aufg. 15). Auch bestimme man ein Analogon zu $\sqrt{d}$ und damit die Unterscheidung der beiden Gruppentypen für den Fall der Charakteristik 2.

Für den Fall der Charakteristik 3 verwende man die Modifikation aus § 21, Aufg. 9 der Methode der Lagrangeschen Resolventen. Ist das Glied mit x^2 vorhanden, so ist also $\lambda = \frac{\alpha' + 2\alpha''}{\alpha + \alpha' + \alpha''}$ eine solche, sonst jedenfalls $\lambda = \frac{\alpha'^2 + 2\alpha''^2}{\alpha^2 + \alpha'^2 + \alpha''^2}$. Man hat dann $\lambda^3 - \lambda$ rational über K durch $\sqrt{d}$ darzustellen. Für den Fall der Charakteristik 2 kann man jede bei $\mathfrak{Z}_3$ aber nicht bei $\mathfrak{D}_3$ invariante Bildung δ aus den Wurzeln als Analogon zu $\sqrt{d}$ nehmen, also etwa $\delta = \frac{\alpha}{\alpha'} + \frac{\alpha'}{\alpha''} + \frac{\alpha''}{\alpha}$.

8. Man beweise, daß die Oktaedergruppe $\mathfrak{O}$ metazyklisch ist, und vollziehe ihrer Struktur entsprechend die Auflösung für die Wurzeln α_i eines irreduziblen biquadratischen Polynoms $x^4 + ax^2 + bx + c$ über einem Körper K mit von 2 und 3 verschiedener Charakteristik.

Die Struktur von $\mathfrak{O}$ hat sich in 1, § 9, Aufg. 4, 6 ergeben, und ferner ist aus § 16, Aufg. 4 bekannt, welche Untergruppen von $\mathfrak{O}$ für die Galoisgruppe $\mathfrak{G}$ in Frage kommen. Durch Betrachtung des Differenzenprodukts der α_i und unter Beachtung von $\mathfrak{O} \cong \mathfrak{S}_4$, $\mathfrak{T} \cong \mathfrak{A}_4$ findet man, daß $\mathfrak{G} = \mathfrak{T}$ oder $\mathfrak{D}_2$ ist, wenn die Diskriminante d des Polynoms Quadrat in K ist, sonst $\mathfrak{G} = \mathfrak{O}$ oder $\mathfrak{D}_4$ oder $\mathfrak{Z}_4$. Im letzteren Falle sieht man noch, daß bei Erweiterung auf K$(\sqrt{d})$ die Gruppe $\mathfrak{G}$ sich auf eine Untergruppe $\mathfrak{H} = \mathfrak{T}$ oder $\mathfrak{D}_2$ oder $\mathfrak{Z}_2$ (den drei Typen von $\mathfrak{G}$ entsprechend) reduziert. $\mathfrak{H} = \mathfrak{Z}_2$ ist dadurch charakterisiert, daß das Polynom in K$(\sqrt{d})$ reduzibel wird (§ 16, Aufg. 1, 2). Um zwischen $\mathfrak{H} = \mathfrak{T}$ oder $\mathfrak{D}_2$ zu unterscheiden, betrachte man das bei $\mathfrak{D}_2$ invariante Element $\beta = (\alpha_1 - \alpha_2)(\alpha_3 - \alpha_4)$ und seine beiden anderen [etwa durch den Zyklus (234) gelieferten] konjugierten β', β''. Man findet, daß diese konjugierten die Summe 0 haben und voneinander verschieden sind (K nicht von der Charakteristik 3). Sie sind also die Wurzeln eines kubischen Polynoms ohne Glied mit x^2 in $\mathsf{K}(\sqrt{d})$. Man drücke dessen Koeffizienten durch a, b, c und $\sqrt{d}$ aus. Je nachdem es irreduzibel oder reduzibel in $\mathsf{K}(\sqrt{d})$ ist, ist $\mathfrak{H} = \mathfrak{T}$ oder $\mathfrak{D}_2$. Im ersteren Falle schiebe man die Auflösung für dieses kubische Polynom gemäß Aufg. 6 ein. Dadurch wird $\mathfrak{H}$ weiter auf eine Untergruppe $\mathfrak{K} = \mathfrak{D}_2$ oder $\mathfrak{Z}_2$ oder $\mathfrak{E}$ reduziert, je nach dem Reduzibilitätsverhalten des gegebenen Polynoms bei den zur Auflösung des kubischen Polynoms führenden Erweiterungen. Jetzt führt die Betrachtung von $\gamma = \alpha_1 - \alpha_2$, $\gamma' = \alpha_3 - \alpha_4$ leicht zum Ziel.

9. Man beweise durch Aufzählung der Elementzahlen der einzelnen Klassen konjugierter Elemente, ganz analog zu § 20, Aufg. 21—23, daß eine Gruppe $\mathfrak{G}$, deren Ordnung eine Primzahlpotenz p^ν ist, ein von $\mathfrak{E}$ verschiedenes Zentrum $\mathfrak{Z}$ besitzt.

10. Man beweise: Jede Gruppe $\mathfrak{G}$ von Primzahlpotenzordnung ist metazyklisch.

Man beachte, daß $\mathfrak{Z}$ abelscher Normalteiler ist und verwende den Homomorphismus aus **1**, § 9, Aufg. 9, um von $\mathfrak{G}/\mathfrak{Z}$ auf $\mathfrak{G}$ zu schließen. — Der Beweis des Satzes, daß auch jede Gruppe, deren Ordnung kein Primzahlquadrat enthält, metazyklisch ist, würde unseren Rahmen übersteigen[1]).

11. Man führe im einzelnen den Beweis für die im Anschluß an Satz 127 gemachte Bemerkung aus, daß eine beliebige (separable) Erweiterung $\mathsf{\Lambda}$ von K dann und nur dann auflösbar ist, wenn dies für die zugehörige normale Erweiterung N über K der Fall ist.

Siehe die dort angeschlossene Erläuterung.

12. Man beweise: Der Normalisator zu einer linearen Permutationsgruppe $\mathfrak{L}_p^{(d)}$ in der symmetrischen Gruppe $\mathfrak{S}_p$ (insbesondere also der Normalisator zur zyklischen Gruppe $\mathfrak{Z}_p = \mathfrak{L}_p^{(1)}$) ist die volle lineare Gruppe $\mathfrak{L}_p = \mathfrak{L}_p^{(p-1)}$.

A, *B* mögen die Bedeutung aus § 16, Aufg. 8 haben. Für ein Element Q des Normalisators muß $Q^{-1}AQ$ ein Element der Ordnung p aus $\mathfrak{L}_p^{(d)}$, also eine Potenz von A (verschieden von E) sein.

---

[1]) Vgl. etwa Speiser [**I**, Lit. Verz. 5], Satz 121.

Diese kann aus A auch durch Transformation mit einer geeigneten Potenz B^ν hergeleitet werden. Man wende dann § 4, Aufg. 14, a) auf $QB^{-\nu}$ an.

13. Man folgere daraus in Umkehrung zu Aufg. 4: Die Galoisgruppe $\mathfrak{G}$ eines irreduziblen auflösbaren Polynoms $f(x)$ von Primzahlgrad ist linear.

Es kommt wesentlich auf Satz 127, Zusatz an. Man betrachte eine Erweiterungskette $\overline{\Lambda}_i$ mit den dort angegebenen Eigenschaften für den Wurzelkörper W von $f(x)$. Sei $\overline{\Lambda}_{i+1}$ der erste Körper der Kette, der eine Wurzel von $f(x)$ enthält. Man folgere aus den Eigenschaften von $\overline{\Lambda}_{i+1}$ über $\overline{\Lambda}_i$ nach Satz 119 [120], daß dann $\overline{\Lambda}_{i+1}$ schon W enthält, ferner daß die $\overline{\Lambda}_i$ entsprechende Untergruppe bei der Darstellung von $\mathfrak{G}$ durch Permutationen der Wurzeln von $f(x)$ von $\mathfrak{E}$ verschieden und die zyklische Gruppe $\mathfrak{Z}_p$ ist. Sodann wende man, in der Kette von $\overline{\Lambda}_i$ aus zurückgehend, Aufg. 12 an.

14. Es sei K ein reeller Körper (Teilkörper des Körpers aller reellen Zahlen) und N eine reelle normale durch Wurzelzeichen auflösbare Erweiterung von K. Unter welcher Bedingung kann die Auflösung reell, d. h. mit einer reellen Erweiterungskette $\overline{\Lambda}_i$ im Sinne von Def. 40 [129], vollzogen werden?

Man beachte, daß nur die zweiten Einheitswurzeln reell sind, daß also ein irreduzibles reines Polynom $x^p - \alpha$ über einem reellen Körper Λ nur für $p = 2$ einen reellen Wurzelkörper hat. Ferner beachte man, daß die Eigenschaft $\overline{\Lambda}_r \geqq N$ bei jedem Isomorphismus von $\overline{\Lambda}_r$ (Automorphismus des zugehörigen Normalkörpers) erhalten bleibt. Man überzeuge sich durch Betrachtungen innerhalb N, daß die gewonnene notwendige Bedingung auch hinreichend ist.

§ 23. Existenz nicht durch Wurzelzeichen auflösbarer algebraischer Gleichungen.

1. Man beweise, daß die ersten $n-1$ symmetrischen Grundfunktionen $x_1, \ldots, x_{n-1}$ der Unbestimmten $\xi_1, \ldots, \xi_n$ über K Primfunktionen in $K[\xi_1, \ldots, \xi_n]$ sind.

Man schließe analog wie in § 2, Aufg. 29.

2. Man beweise, daß die Diskriminante d des allgemeinen Polynoms n-ten Grades ($n > 1$) über einem Körper K mit von 2 verschiedener Charakteristik eine Primfunktion in $\mathsf{K}[x_1, \ldots, x_n]$ ist.

Man kennt die Zerlegung von d in Primelemente im Erweiterungsintegritätsbereich $\mathsf{K}[\xi_1, \ldots, \xi_n]$. Man wende dann Satz 25 [24] (oder vielmehr dessen Verallgemeinerung gemäß § 2, Aufg. 27) sowie die Automorphismen gemäß Satz 129 an und beachte, daß δ nach Satz 132 nicht zu K_n gehört.

3. Man gebe einen Beweis für den Satz von den symmetrischen Funktionen [Aussagen 1.), 2.) hinter Satz 131] auf folgender Grundlage (Beweis von Furtwängler; vgl. Anm. 1):

a) Ist g eine symmetrische Funktion aus $\mathsf{I}[\xi_1, \ldots, \xi_n]$, so sind auch die homogenen Bestandteile von g, d. h. die Glieder g_m gleicher Exponentensumme m der $\xi_1, \ldots, \xi_n$ (Dimension) aus der Normaldarstellung von $g = \sum_m g_m$ symmetrisch, so daß man sich auf homogene g beschränken kann.

b) Man wende dann einerseits vollständige Induktion nach der Anzahl n der Unbestimmten an, indem man von der Kongruenz $g(\xi_1, \ldots, \xi_n) \equiv g(\xi_1, \ldots, \xi_{n-1}, 0) \bmod. \xi_n$ nach dem Primelement ξ_n aus $\mathsf{I}[\xi_1, \ldots, \xi_n]$ ausgeht und die Kongruenzen $x_1 \equiv x_1', \ldots, x_{n-1} \equiv x_{n-1}', x_n \equiv 0 \bmod. \xi_n$ beachtet, wo $x_1', \ldots, x_{n-1}'$ die symmetrischen Grundfunktionen von $\xi_1, \ldots, \xi_{n-1}$ sind. Man kommt so zu einer Reduktion $g(\xi_1, \ldots, \xi_n) \equiv h(x_1, \ldots, x_{n-1}) + x_n g_1(\xi_1, \ldots, \xi_n)$.

c) Um ferner die verbleibende Restfunktion g_1 zu beherrschen, lege man andrerseits (bei festem n) eine vollständige Induktion nach der Dimension m an.

Zu a). Das folgt unmittelbar aus der Eindeutigkeit der Normaldarstellung und der Definition der Symmetrie.

Zu b). Man hat zunächst $g(\xi_1, \ldots, \xi_{n-1}, 0) \equiv h(x_1', \ldots, x_{n-1}')$, also $g(\xi_1, \ldots, \xi_n) \equiv h(x_1, \ldots, x_{n-1}) \bmod. \xi_n$. In der letzteren Kongruenz beachte man die Symmetrie beider Seiten und die Verschiedenheit der Primelemente $\xi_1, \ldots, \xi_n$. Daß die Behauptung für $n = 1$ stimmt, ist trivial.

Zu c). Man hat zu zeigen, daß die Dimensionen der homogenen Bestandteile von g_1 kleiner sind als die Dimension m von g. Dazu beachte man, daß auch $g(\xi_1, \ldots, \xi_{n-1}, 0)$ homogen von der Dimension m (oder $\equiv 0$) ist, und schließe daraus auf Grund von Satz 128, daß in der Normaldarstellung von h nur Glieder $a x_1'^{\mu_1} \cdots x_{n-1}'^{\mu_{n-1}}$ mit $\mu_1 + 2\mu_2 + \cdots + (n-1)\mu_{n-1} = m$ vorkommen. Dann ergibt sich, daß g_1 selbst homogen von der Dimension $m - n$ (oder $\equiv 0$) ist. Daß die Behauptung für $m = 0$ stimmt, ist trivial.

4. Dieser Beweis ergibt ein Reduktionsverfahren zur Herstellung einer Darstellung einer ganzen rationalen symmetrischen Funktion durch die symmetrischen Grundfunktionen. Man führe dies am Beispiel der symmetrischen Funktion $\sum_{\substack{i,k=1 \\ i \neq k}}^{n} \xi_i^2 \xi_k$ durch.

Bezeichnet f_ν diese Bildung für ν Unbestimmte ($\nu \geqq 2$), so ergibt sich aus der in c) gewonnenen Dimensionsrelation, daß die Darstellung für f_n aus der für f_3 dadurch entsteht, daß man die symmetrischen Grundfunktionen x_1', x_2', x_3' von ξ_1, ξ_2, ξ_3 durch die drei ersten symmetrischen Grundfunktionen x_1, x_2, x_3 von $\xi_1, \ldots, \xi_n$ ersetzt. Die bei der Reduktion von f_3 auf f_2 auftretende Restfunktion g_1 kann man leicht angeben, da f_2 ohne weiteres ausdrückbar ist.

5. Man beweise Satz 113 und Zusatz [111, 112] auf Grund des Satzes von den symmetrischen Funktionen.

Man beginne mit dem Nachweis, daß $\bar{g}(x)$ Polynom in K ist. Dann beweise man durch Betrachtung von $g(h(x))$ nach Satz 53 [43], daß $g(\beta_i) = 0$ ist für jede der Wurzeln β_i von $\bar{g}(x)$, und schließe daraus, wieder nach Satz 53, daß $g(x)$ der einzige irreduzible Faktor von $\bar{g}(x)$ ist.

6. Man beweise auf Grund des Satzes von den symmetrischen Funktionen in Verallgemeinerung zu § 6, Aufg. 20, 21: Setzt man an Stelle der dortigen b_i aus K ein den α_i entsprechendes System konjugierter $\beta_i = \varphi(\alpha_i)$ (mit rationalem, nicht notwendig g a n z e m φ), so wird $g(x)$ eine ganz-rationale

Funktion über K (nicht nur, was trivial, über Λ). Man mache sich auch klar, daß so ein weiterer Beweis für Satz 82 [70] zustande kommt (vgl. auch § 9, Aufg. 2).

Man mache gemäß § 6, Aufg. 21 den Ansatz

$$g(x) \equiv \sum_{i=1}^{n} \beta_i \prod_{\substack{k=1 \\ k \neq i}}^{n} \frac{x - \alpha_k}{\alpha_i - \alpha_k}.$$

7. Man führe den Beweis des Abelschen Satzes (Satz 90 [80]) auf Grund des Satzes von den symmetrischen Funktionen, indem man die Elemente $\vartheta_{\nu_1\nu_2}$ wie dort konstruiert, aber dann das Polynom

$$g(x) \equiv \prod_{\nu_1, \nu_2} (x - \vartheta_{\nu_1\nu_2})$$

sowie

$$h_1(x) \equiv \sum_{\nu_1, \nu_2} \alpha_{1\nu_1} \frac{g(x)}{x - \vartheta_{\nu_1\nu_2}} \qquad h_2(x) \equiv \sum_{\nu_1, \nu_2} \alpha_{2\nu_2} \frac{g(x)}{x - \vartheta_{\nu_1\nu_2}}$$

betrachtet.

Man muß hierbei den Satz von den symmetrischen Funktionen in zwei Stufen anwenden, einerseits auf die n_1 Wurzeln $\alpha_{1\nu_1}$ von $f_1(x)$, andrerseits auf die n_2 Wurzeln $\alpha_{2\nu_2}$ von $f_2(x)$, so daß man also von einem System von $n_1 + n_2$ Unbestimmten auszugehen hat. (Für $g(x)$ siehe auch schon § 17, Aufg. 6.)

8. Man konstruiere auf Grund von § 22, Aufg. 13 über P nicht auflösbare Polynome $f(x)$ für jeden Primzahlgrad $p \geqq 5$.

Es genügt, $f(x)$ vom Grade p so zu konstruieren, daß die Anzahl ϱ seiner reellen Wurzeln den Ungleichungen $1 < \varrho < p$ genügt. $\varrho < p$ kann man dadurch erreichen, daß man für die zweite Potenzsumme der Wurzeln den Wert 0 vorschreibt (§ 6, Aufg. 15); $\varrho > 1$ erreicht man etwa durch $f(0) > 0$, $f(1) < 0$ (siehe die Erl. zu § 11, Aufg. 1); die Irreduzibilität sichere man auf Grund des Eisenstein-Schönemannschen Satzes (§ 20, Aufg. 6). Man mache sich auch klar, daß diese Konstruktionsbedingungen sich für $p = 3$ nicht realisieren lassen.

9. Man beweise: Eine transitive Permutationsgruppe $\mathfrak{P}$ von p Elementen (p Primzahl), die einen zweigliedrigen Zyklus enthält, ist mit der symmetrischen Gruppe $\mathfrak{S}_p$ identisch. — Man sehe dazu das Vorkommen eines zweigliedrigen

Zyklus (rs) in $\mathfrak{P}$ als Äquivalenzrelation zwischen r und s an und studiere die zugehörige Klasseneinteilung.

Daß das wirklich eine Äquivalenzrelation ist (wenn man noch die uneigentlichen Zyklen (rr) als Darstellungen des Einselements deutet), folgt durch Transformation eines zweigliedrigen Zyklus mit einem anderen. Aus der Transitivität von $\mathfrak{P}$ ergibt sich ferner durch geeignete Transformation, daß alle Klassen gleich viele Ziffern enthalten. Daraus folgt die Behauptung. — Für den Prozeß der Transformation eines Zyklus siehe die Bem. in der Erl. zu **1**, § 16, Aufg. 11.

10. Man beweise: Hat ein irreduzibles Polynom von Primzahlgrad p aus einem reellen Körper K genau 2 nichtreelle Wurzeln, so ist seine Galoisgruppe $\mathfrak{S}_p$.

Man betrachte die Reduktion der Galoisgruppe bei Erweiterung von K zum Körper aller reellen Zahlen und wende Aufg. 9 und § 16, Aufg. 1 an.

11. Man konstruiere über P irreduzible Polynome $f(x)$ mit symmetrischer Galoisgruppe für jeden Primzahlgrad p.

Daß $f(x)$ genau $p-2$ reelle Wurzeln hat, erreicht man etwa durch den Ansatz $f(x) \equiv (x^2 + a)(x - a_1) \cdots (x - a_{p-2}) + b$ mit rationalen $a > 0, a_1, \ldots, a_{p-2}, b$, indem man b absolut hinreichend klein nimmt. Um auch die Irreduzibilität auf Grund des Eisenstein-Schönemannschen Satzes zu sichern, wähle man etwa $a, a_1, \ldots, a_{p-2}$ sämtlich als ganze Multipla einer Primzahl q und $b = \frac{q}{c}$ mit ganzem, absolut hinreichend großem c und gehe zu $c^p f\left(\frac{x}{c}\right)$ über. Man erhält so sogar $f(x)$ mit ganzen Koeffizienten.

12. Welche Galoisgruppe hat das Polynom $x^5 - 2qx + q$ über P, wo q eine beliebige Primzahl ist?

Man nutze die Erl. zu Aufg. 8 aus.

13. Um zu einem Beweise für die Einfachheit der alternierenden Gruppe $\mathfrak{A}_n$ für $n \geqq 5$ zu gelangen (für $n = 5$ siehe schon **1**, § 9, Aufg. 6), beweise man zunächst: Enthält ein Normalteiler $\mathfrak{N}$ von $\mathfrak{A}_n$ einen dreigliedrigen Zyklus, so ist $\mathfrak{N} = \mathfrak{A}_n$.

Man wende **1**, § 16, Aufg. 16, 19 sowie die Formeln

$$(12)(34) = (124)(134), \quad (12)(13) = (123)$$

an. — So kommt man für $n \geqq 5$ zum Ziel. Der Satz selbst gilt, wie man sofort sieht, auch für $n = 3, 4$.

14. Man beweise nunmehr die Einfachheit von $\mathfrak{A}_n$ für $n \geqq 5$, indem man zeigt: Ist $\mathfrak{N}$ ein Normalteiler von $\mathfrak{A}_n$ und $P \neq E$ eine Permutation aus $\mathfrak{N}$, die möglichst viele Ziffern ungeändert läßt, so ist P ein dreigliedriger Zyklus. — Man untersuche dazu den (ebenfalls zu $\mathfrak{N}$ gehörigen) Kommutator $K = P^{-1}Q^{-1}PQ$ von P mit einem geeigneten dreigliedrigen Zyklus Q. (Beweis von M. Bauer.)

Die Zerlegung von P in ziffernfremde Zyklen (1, § 16, Aufg. 10) ist entweder vom Typus a) $P = (12)(34)\cdots$ (Produkt von lauter zweigliedrigen Zyklen, mindestens zwei) oder vom Typus b) $P = (123)\cdots$ (mindestens ein mehr als zweigliedriger Zyklus). Würde P im Falle a) noch eine weitere Ziffer 5, im Falle b) noch eine weitere Ziffer 4 und (dann notwendig!) noch eine weitere Ziffer 5 verändern, so zeigt sich, daß K für $Q = (345)$ mehr Ziffern ungeändert läßt als P, aber $\neq E$ ist. Derselbe Kommutator lehrt dann weiter, daß der Fall a) nicht vorliegt.

15. Eine Untergruppenkette $\mathfrak{G} = \mathfrak{H}_0 \geqq \mathfrak{H}_1 \geqq \cdots \geqq \mathfrak{H}_r = \mathfrak{E}$ einer (nicht notwendig endlichen) Gruppe $\mathfrak{G}$, bei der jeweils $\mathfrak{H}_{i+1}$ Normalteiler von $\mathfrak{H}_i$ ist, heiße eine Normalkette von $\mathfrak{G}$ und r ihre Länge. Eine durch Einschieben neuer geeigneter Untergruppen aus einer Normalkette $H = (\mathfrak{H}_i)$ entstehende Normalkette H' heiße eine Verfeinerung von H. Zwei Normalketten $H = (\mathfrak{H}_i)$ und $K = (\mathfrak{K}_i)$ gleicher Länge von $\mathfrak{G}$, deren Faktorgruppen $\mathfrak{H}_i/\mathfrak{H}_{i+1}$ und $\mathfrak{K}_i/\mathfrak{K}_{i+1}$ bis auf die Reihenfolge dieselben sind (im Sinne der Isomorphie), heißen isomorph. — Man beweise: Zu irgend zwei Normalketten $H = (\mathfrak{H}_i)$ $(i = 0, 1, \ldots, r)$ und $K = (\mathfrak{K}_j)$ $(j = 0, 1, \ldots, s)$ existieren zueinander isomorphe Verfeinerungen, nämlich etwa die Ketten H' und K', die durch Einschieben der Gruppen[1])

$$\mathfrak{H}_{ij} = \mathfrak{H}_i[\mathfrak{H}_{i-1}, \mathfrak{K}_j] \quad (j = 1, \ldots, s-1)$$

[1]) Das Kompositum $\mathfrak{W} = \{\mathfrak{U}, \mathfrak{V}\}$ zweier Untergruppen einer Gruppe $\mathfrak{G}$, von denen mindestens eine Normalteiler einer Obergruppe der anderen (also sicher von $\mathfrak{W}$) ist, kann als das Produkt $\mathfrak{W} = \mathfrak{U}\mathfrak{V} = \mathfrak{V}\mathfrak{U}$ im Sinne von 1, § 9, Def. 20 [61] geschrieben werden.

aus H bzw. durch Einschieben der Gruppen

$$\mathfrak{K}_{ij} = [\mathfrak{H}_i, \mathfrak{K}_{j-1}]\mathfrak{K}_j \quad (i = 1, \ldots, r-1)$$

aus K entstehen. (Satz von Schreier.)

Man beweise dazu nach Zassenhaus in Verallgemeinerung zu **1**, § 9, Aufg. 14 den folgenden Satz über vier Untergruppen $\mathfrak{u}, \mathfrak{U}, \mathfrak{v}, \mathfrak{V}$ einer Gruppe $\mathfrak{G}$: Ist $\mathfrak{u}$ Normalteiler von $\mathfrak{U}$, $\mathfrak{v}$ Normalteiler von $\mathfrak{V}$, so ist a) $\mathfrak{u}[\mathfrak{U}, \mathfrak{v}]$ Normalteiler von $\mathfrak{u}[\mathfrak{U}, \mathfrak{V}]$, $[\mathfrak{u}, \mathfrak{V}]\mathfrak{v}$ Normalteiler von $[\mathfrak{U}, \mathfrak{V}]\mathfrak{v}$, und

$$\text{b)}\ \mathfrak{u}[\mathfrak{U}, \mathfrak{V}]/\mathfrak{u}[\mathfrak{U}, \mathfrak{v}] \cong [\mathfrak{U}, \mathfrak{V}]\mathfrak{v}/[\mathfrak{u}, \mathfrak{V}]\mathfrak{v}.$$

Zu a). Das ergibt sich leicht aus den Voraussetzungen. Um insbesondere die Invarianz von $\mathfrak{u}[\mathfrak{U}, \mathfrak{v}]$ bei Transformation mit den Elementen u aus $\mathfrak{u}$ zu zeigen, beachte man, daß aus

$$UuU^{-1} = u' \ (U \text{ in } \mathfrak{U},\ u' \text{ in } \mathfrak{u}) \text{ folgt } u^{-1}Uu = u^{-1}u'U.$$

Zu b). Man wende 1, § 9, Aufg. 14 auf die Komposita

$$\mathfrak{u}[\mathfrak{U}, \mathfrak{V}] = \mathfrak{u}[\mathfrak{U}, \mathfrak{v}] \cdot [\mathfrak{U}, \mathfrak{V}], \quad [\mathfrak{U}, \mathfrak{V}]\mathfrak{v} = [\mathfrak{U}, \mathfrak{V}] \cdot [\mathfrak{u}, \mathfrak{V}]\mathfrak{v}$$

an und beachte die leicht zu beweisende Durchschnittsrelation

$$[\mathfrak{u}[\mathfrak{U}, \mathfrak{v}], [\mathfrak{U}, \mathfrak{V}]] = [\mathfrak{U}, \{\mathfrak{u}, \mathfrak{v}\}, \mathfrak{V}] = [[\mathfrak{U}, \mathfrak{V}], [\mathfrak{u}, \mathfrak{V}]\mathfrak{v}].$$

Deren Symmetrie ergibt die Behauptung.

16. Welche Eigenschaft haben die Faktorgruppen $\mathfrak{H}_i/\mathfrak{H}_{i+1}$ einer nicht mehr verfeinerbaren Normalkette $H = (\mathfrak{H}_i)$ von $\mathfrak{G}$? Gibt es für endliche Gruppen $\mathfrak{G}$ stets derartige Normalketten, und was kann über irgend zwei solche ausgesagt werden? (Jordan-Hölderscher Satz.)

17. Man gebe alle möglichen Normalketten mit einfachen Faktorgruppen an für die früher studierten Gruppen

$$\mathfrak{D}_3 \cong \mathfrak{S}_3,\ \mathfrak{D}_4,\ \mathfrak{T} \cong \mathfrak{A}_4,\ \mathfrak{O} \cong \mathfrak{S}_4,\ \mathfrak{Q},\ \mathfrak{L}_p^{(d)}.$$

18. Gegeben sei eine endliche Gruppe $\mathfrak{G}$ der Ordnung n. Man konstruiere einen Grundkörper K und darüber eine separable normale Erweiterung N derart, daß N über K die Galoisgruppe $\mathfrak{G}$ hat.

Man beachte, daß $\mathfrak{G}$ isomorph als Untergruppe von $\mathfrak{S}_n$ darstellbar ist (1, § 16, Aufg. 21, 23), und wende Satz 129 sowie den Fundamentalsatz der Galoisschen Theorie an. — Man mache sich auch klar, daß damit noch nicht die (bisher allgemein ungelöste) Aufgabe gelöst ist, ein Polynom $f(x)$ über geeignetem K mit einer vorgegebenen Permutationsgruppe als Galoisgruppe zu konstruieren.

19. Im Anschluß an 1, § 19, Aufg. 4 berechne man gleich allgemeiner die zur vollständigen Lösung von 1, § 20, Aufg. 2 gebrauchten Determinanten $|\xi_i^{n-k}|$ ($i = 1, \ldots, n$; $k = 0, 1, \ldots, l-1, l+1, \ldots, n$) für $l = 1, \ldots, n$, indem man die ξ_i als die Wurzeln des allgemeinen Polynoms $f_n(x)$ auffaßt.

Aus einer Spaltenrelation ergibt sich die Teilbarkeit durch die l-te symmetrische Grundfunktion x_l. Der dann übrig bleibende Faktor ist bis auf das Vorzeichen wieder eine Vandermondesche Determinante.

20. Zur Abrundung von Satz 132 für Grundkörper K der Charakteristik 2 gebe man auch für diesen Fall ein primitives Element von V_n bzgl. K an. (Für $n = 3$ siehe schon § 22, Aufg. 7.)

Ein brauchbares primitives Element erhält man aus der Entwickung der in Satz 132 angegebenen Determinante $|\xi_i^{k-1}|$ gemäß 1, Def. 38 [113], wenn man nur die Summanden mit $\operatorname{sgn} P = +1$ in δ aufnimmt. Man kann aber auch aus dem quadratischen Schema (ξ_i^{k-1}) einen neuartigen Rechenausdruck konstruieren, wenn man in der Determinantendefinition die Rechnungsarten der verschiedenen Stufen vertauscht (Addition mit Multiplikation, Subtraktion mit Division). Dieser Ausdruck geht bei einer ungeraden Permutation in seinen reziproken Wert über.

Namen- und Sachverzeichnis

(siehe auch das Inhaltsverzeichnis auf Seite 3—4). Die freien Zahlen bedeuten die Seite, die eingeklammerten Zahlen die Aufgabennummer.

FSC
www.fsc.org
MIX
Papier | Fördert
gute Waldnutzung
FSC® C083411

Zeitfracht Medien GmbH
Ferdinand-Jühlke-Straße 7
99095 Erfurt, Deutschland
produktsicherheit@kolibri360.de